湛庐 CHEERS

与最聪明的人共同进化

HERE COMES EVERYBODY

U0338306

Rebooting AI

如何创造可信的AI

龙志勇 译

[美] 盖瑞·马库斯
欧内斯特·戴维斯 著

Building Artificial
Intelligence
We Can Trust

浙江教育出版社·杭州

Gary
Marcus

盖瑞·马库斯

- 纽约大学心理学和神经科学教授
- Robust.AI 创始人兼 CEO

纽约大学
心理学和神经科学教授

　　盖瑞·马库斯本科就读于美国汉普郡学院。本科时期，马库斯打破当时学校的常规，自我设定认知科学为主攻专业。在麻省理工学院学习期间，马库斯师从著名心理学大师史蒂芬·平克（Steven Pinker）教授，23岁就获得了博士学位。马库斯在他的博士论文工作中做了大量研究儿童学习英语的实验，其研究成果为现代认知科学发展做出了非常重要的贡献。

　　博士毕业后，马库斯在纽约大学担任心理学和神经科学教授，推动了一系列有影响力的学术研究，跨越计算机科学、认知科学、语言学和心理学等多个领域，在《自然》《科学》等顶级国际期刊上发表了多篇文章。

　　马库斯在学术研究过程中形成了越来越完整的学术理念，对认知科学和人工智能的学术研究发展方向也形成了清晰的观念，在国际认知科学和人工智能领域享有一席之地。

马库斯一直在追求科学真理，并敢于挑战当下关于人工智能的主流观点。他撰写了许多文章，发表了许多演讲，来指出当下人工智能存在的弊端和局限性。他不仅是独树一帜的科学家，也是颇有成就的创业者和企业家。

2014 年，马库斯创立了机器学习公司几何智能（Geometry Intelligence），并担任 CEO。由于其出色表现，该公司于 2016 年被优步收购。随后，马库斯在优步创建了人工智能实验室，成为其第一任首席科学家。该实验室旨在集中精力提高食品运输速度，并改善自动驾驶汽车的导航性能。

离开优步之后，盖瑞·马库斯联合全球著名的机器人专家罗德尼·布鲁克斯（Rodney Brooks）等人一同创立了一家名为 Robust.AI 的新公司，并担任 CEO。这是一家致力于机器人行业革新的创业公司，专注于人工智能认知引擎研发，并以机器人为主要应用对象，促使机器人能够智能、协作、强大、安全，实现真正的自主，并能应用于范围广泛的领域中。

人工智能公司
Robust.AI
创始人兼 CEO

欧内斯特·戴维斯

Ernest Davis

纽约大学
柯朗数学科学研究所的
计算机科学教授

人工智能
程序常识推理自动化领域
领先科学家之一

作者演讲洽谈，请联系
speech@cheerspublishing.com

更多相关资讯，请关注

湛庐文化微信订阅号

湛庐 CHEERS 特别制作

在言必称 AI 的年代，《如何创造可信的 AI》这本书无疑是一副清醒剂。忘掉深度学习，回归常识推理，更加精彩的 AI 之路在于深度理解。

段永朝

苇草智酷创始合伙人

AI 何去何从？这本书对这个问题做了极为冷静透彻的解析。作者指出，AI 发展的方向是在人类心智的内在结构中探索，即使这不是唯一方向，也是极其重要的方向。非常值得一读！

傅小兰

中国科学院心理研究所所长，中国科学院大学心理学系主任，
中国心理学会原理事长

深度学习的成功实践，激励了资本、学者、媒体、产业人士对人工智能的拥抱。我们有的不明其就，也有的一叶障目。本书作者是权威的专业人士，以通俗易懂的方式，讲解了当今人工智能的局限性，以及如果要通向未来，还必须解决的关键问题。每一位拥抱人工智能的非专业人士，以及还不够精通人工智能的从业人员，都将从此书中获得收益。

王小川

搜狗 CEO

本书对当前 AI 的发展状况进行了清晰客观的评估，解释了当今 AI 技术的"狭隘"性。作者从深度学习算法固有的缺陷出发，阐述了当下 AI 技术发展的桎梏，同时对当前 AI 技术在多场景应用中遇到的问题进行了分析，探讨了解决常识问题的指导方案，指出可以通过增加实践检验、搭建安全监管与预防体系等方式提升 AI 技术的安全可靠性。最终，本书以通用人工智能为发展目标，给出了未来 AI 技术的一种发展方向。

本书既为初学者提供了一个了解 AI 技术当前发展状况及未来发展方向的窗口，又为专业人士研发可信的 AI 提供了有价值的建议。这本书对金融及健康领域 AI 产品的研发具有一定的指导意义。

肖京

平安集团首席科学家

人工智能不等于深度学习，深度学习不能解决所有问题。人工智能发展史上素有符号派和联结派之争，本书的两位作者偏符号派，他们对深度学习的批评是善意的，所开的药方是常识理解。本书对内行外行都有价值。

尼克

乌镇智库理事长，《人工智能简史》作者

马库斯和戴维斯是人类智能和机器智能方面的专家，他们清晰地揭示了如今的人工智能能做什么和不能做什么，并指出了通往更少"人工"、更多"智能"的道路。

史蒂芬·平克

心理学大师，语言学家，《当下的启蒙》《心智探奇》作者人工智能的成就、前景、陷阱和错误的开端是什么？如何才能补救和克服这些呢？本书清晰而深刻的叙述，对人工智能这一必将对社会秩序和知识文化产生重大影响的技术的发展，提供了宝贵的指导。

诺姆·乔姆斯基

现代语言学之父，认知科学领域创始人之一

我完全赞同马库斯在《如何创造可信的 AI》中的观点，人工智能领域充斥着甚嚣尘上的"微小发现"，但距离真正达到人类水平的智能还差得远着呢。

朱迪亚·珀尔

图灵奖得主，《为什么：关于因果关系的新科学》作者

这本书告诉我们什么才是人工智能，而什么不是，以及如果有足够的雄心和创造力，人工智能就可以成为什么。不管今天的智能机器有多聪明、多有用，它们都不知道什么才是真正重要的。

加里·卡斯帕罗夫

前国际象棋冠军

这是一副受欢迎的解毒剂，可以消除过去 10 年席卷人工智能领域的炒作，让人们现实地看到人工智能和机器人技术还有很长的路要走。

罗德尼·布鲁克斯

麻省理工学院计算机科学和人工智能实验室前主任

这本书道出了许多人工智能专家的真实想法，每个 CEO 都应该读一读，公司里的其他人也应该读一读。这样，他们就能把麦子和糠秕分开，知道我们在哪里、要走多远、怎样才能到那里去。

佩德罗·多明戈斯

华盛顿大学计算机科学教授，《终极算法》作者

戳穿炒作，并为真正成功的人工智能规划一条新道路。这本书让我们第一次理性地看到人工智能能做什么和不能做什么，以及构建可信的人工智能需要什么。

安妮·杜克

畅销书《对赌》作者

人工智能正在许多狭窄的应用领域实现超人的性能，但现实是，我们离拥有真正理解世界的人工智能还有很远。马库斯和戴维斯用幽默的文笔和敏锐的洞察力解释了当前方法的缺陷，并提供了一条引人注目的道路，以通向那种能够赢得我们信任的强大的人工智能。

埃里克·布莱恩约弗森

麻省理工学院教授

在《如何创造可信的 AI》中，马库斯和戴维斯做了一项伟大的工作，他们将真相与胡扯分开，以说明为什么我们现在可能不会有真正的人工智能，以及可以做些什么来进一步接近它。

佩恩·吉莱特

艾美奖得主，魔术师兼演员，《纽约时报》最佳朗诵作家

这本书读起来很刺激，巧妙地揭示了为什么今天的人工智能在完成真正的智能任务时如此困难，以及如何才能实现这个目标。

克莱夫·汤普森

《连线》杂志专栏作家

在可预见的未来，机器会取代人类吗？还是这只是炒作？马库斯和戴维斯用坚定的理念和优美的文笔阐述了他们的答案，将今天基于深度学习的、狭隘而脆弱的人工智能与永远难以捉摸的通用人工智能区分开来。人类固有的常识和信任成为这一领域的重大挑战。如果你打算读一本书来跟上 AI 发展的步伐，这本书是一个不错的选择！

—— 奥伦·埃齐奥尼

艾伦人工智能研究所 CEO，华盛顿大学计算机科学教授

可信的 AI

陆奇　奇绩创坛创始人兼 CEO，百度前总裁兼 COO，

微软前全球执行副总裁，雅虎前执行副总裁

　　我很高兴能为盖瑞·马库斯的新著《如何创造可信的 AI》作序。鉴于这本书主题的重要性，我尝试从三个不同的角度为中国读者提供背景信息与书中核心内容的概述，希望有助于读者更有效地从阅读本书中获益。

　　我先介绍一下马库斯的个人背景，我认为他特殊的学术和行业履历能帮助读者更加全面地解读书中所表达的主要观点。马库斯在高中时代花了很多精力去开发一套计算系统，目的是把拉丁语自动翻译成现代英语。虽然这个项目没有成功，但整个过程让马库斯学到很多，特别是让他深切感受到要让一个计算系统具备类似人类般的认知能力和语言理解能力，纯粹依赖计算能力是远远不够的。他因此而形成的理念是，一个计算系统具备认知能力和语言理解能力的前提，是该系统必须具有一定程度的内在结构。

为了继续他在科学上的追求，马库斯在大学本科时期打破当时学校的常规，自我设定了认知科学作为主攻专业。在麻省理工学院学习期间，他师从世界著名心理学大师和认知科学家史蒂芬·平克教授。马库斯在他的博士论文工作中做了大量研究儿童学习英语的实验，他的研究成果为现代认知科学发展做出了非常重要的贡献。博士研究生毕业后，马库斯在纽约大学担任心理学教授，推动了一系列有影响力的学术研究，跨越计算机科学、认知科学、语言学和心理学等多个领域。

与此同时，马库斯在学术研究过程中形成了越来越完整的学术理念，对认知科学和人工智能的学术研究发展方向也形成了一系列清晰的观念，这一切可以从他所撰写的一系列学术著作中体现出来：《代数思维：连接主义与认知科学的融合》（*The Algebraic Mind: Integrating Connectionism and Cognitive Science*）、《思维的诞生：一小部分基因如何创造了人类思维的复杂性》（*The Birth of the Mind: How a Tiny Number of Genes Creates the Complexities of Human Thought*）、《克鲁格：人类思维的偶然构建》（*Kluge: The Haphazard Evolution of the Human Mind*）等。

通过这些研究工作，马库斯在认知科学和人工智能等领域的国际学术界也享有了特殊的一席之地，一方面源于他所做的学术研究为这样的地位奠定了重要基础，另一方面源于他杰出的跨学科综合科研能力。他在计算机科学、认知科学、语言学、人工智能等领域都练就了相当深厚的学术功底，更重要的是，马库斯一生追求科学，通过长期努力打造了一套自己的学术理念和体系。在追求科学真理的道路上，他敢于挑战学术界的主流观点。马库斯学术功底深，思路敏捷，能言善辩，敢于独树一帜。当整个人工智能学术界都在过分乐观地高歌猛进时，他不断撰文和发表演讲来指出许多人工智能核心技术中存在的弊端和局限性。他坚信自己的学术理念，不认同当今学术界的主流方向能把人工智能从今天带到未来。他敢于站出来泼冷水、唱反调，并敢于向人工智能学术界泰斗如杨立昆（Yann LeCun）等人发起多次公开辩论，因为马库斯深信这是追求科学真理所必需的。

更为重要的是，马库斯不仅是独树一帜的科学家，也是一个颇有成就的企业家和创业者，并专注于人工智能技术的开发与应用。他不但在学术上坚持自己的理论和方向，同时也把自己的学术理论和发展方向付诸实践。他在 2014 年创建了机器学习公司"几何智能"，由于在技术和应用上都做得相当不错，公司于 2016 年被当时如日中天的优步成功收购，马库斯也由此加入优步成为其第一任首席科学家。离开优步之后，马库斯联合著名机器人专家罗德尼·布鲁克斯等人一同创立了一家名为 Robust.AI 的新公司，公司专注于新一代的人工智能认知引擎研发，并以机器人为主要应用对象。我们可以看出，马库斯在本书中阐述的核心观念并不是纸上谈兵，而是在实际的创业创新过程中被不断验证和迭代的。

多年前，我在工作中认识马库斯之后，便一直保持联络，我们在人工智能的学术研究和实际应用上有着长期的交流。我也阅读了马库斯过去的著作，听了他重要的学术演讲。我之所以花时间将马库斯的背景信息介绍给读者，是因为马库斯在本书中所阐述的核心内容是承上启下的。书中的内容既建立在过去累积的学术观念和理论之上，也是他对人工智能的现状和下一步发展方向所做的完整总结与梳理。马库斯以打造"可信的 AI"为主题贯穿全书的内容。这里需要指出的是，马库斯所持有的观点在学术界和行业内是不无争议的。这样的争议在人工智能从今天走向未来的过程中，是健康的，也是必要的。重要的是，我们需要让每位读者都有一个全面的背景认知，以便更有效地从本书中获得有价值的信息、观点、方法论和启迪，不论读者是对作者的科学研究背景感兴趣，还是对开发人工智能技术应用有兴趣，不论读者是创业者，还是企业管理人员。

　　本书的内容由两大部分组成。第一部分是第 1 章到第 5 章，马库斯非常详细和系统化地分析了今天以深度学习为基础的主流人工智能技术所面临的局限性。针对每一类被揭示出来的局限性，马库斯充分发挥了他对自然语言处理、机器人和计算机视觉等领域的科研经验和深刻理解，通过生动易懂的案例把这些技术局限性的现象和原因清晰地描述给读者。马库斯强调在没有充分理解人工智能技术目前局限性的情况下大量开发人工智能应用将承担相当大的风险。为了帮助读者更方便地理解和判断这些风险，马库斯把这些局限性详细分成了 9 个类别，包括鲁棒性的缺失等。

　　第一部分的中心内容是马库斯对人工智能的核心技术——深度学习所提出的一系列质疑。这里采用了一系列具体案例和推理来强调我们必须在深度学习的基础之上探索新的技术突破。马库斯充分发挥了他在人工智能核心领域以及跨领域科研的实力。从深度学习核心算法的内在体系开始，贯穿多项人工智能发展的前沿应用领域，比如语言理解和机器人等，马库斯深入浅出地分享了对人工智能技术发展的核心观点：如果我们沿用目前以深度学习为主的人工智能技术，而不在其内在结构上探索新的途径，以后将很难建立起具有人类般的认知能力和真正意义上的智能系统。

　　在这里尤其要提出的是：在第一部分的开始阶段，马库斯花了大量篇幅来分析今天人工智能技术被媒体所报道的能力与目前人工智能技术能够实际"落地"的能力之间的对比，指出这两者之间存在严重的脱节。马库斯指出了学术界所存在的浮夸现象以及有些媒体过分乐观的炒作，将这种人工智能报道与现实之间的严重脱节叫作"AI 鸿沟"。他认为如果在推进人工智能科研和应用开发的过程中不能清晰地意识到这个鸿沟的话，我们将会踩很多坑。我们都知道人工智能技术已经被广泛地应用，有一些是涉及关键使命的，比如自动驾驶系统，有一些则对社会有着深远的影响，比如信息检索和内容分发等。

　　特别是在应对目前全球面临的由新冠疫情带来的前所未有的挑战中，人工智能技术将起到越来越关键的作用。在这样的关键时机下，做出正确的判断并避免踩坑将是至关重要的。为此，马库斯追根溯源把"AI 鸿沟"归纳为三种"大坑"。第一是"轻信坑"，这是由于人类进化的现实过程还没有发展出清晰辨别人类与机器之间区别的能力，导致我们往往用基于人类的认知模式去看待机器的能力，从而容易轻信机器拥有人类般的智慧。第二是"虚幻进步坑"，每当 AI 技术的进展攻克了一类新的问题时，我们往往错误地假设 AI 技术就能解决以此推及的、现实世界中的类似任务。但是 AI 学术上的问题往往是定义在狭义而简化的假设下，而现实世界的具体任务都有很大的复杂性和不确定性。第三是"鲁棒坑"，受限于当前深度学习算法和训练数据，对容错性很低特别是使命关键的应用领域比如无人驾驶等，今天的 AI 还没能达到实际"落地"的能力。马库斯告诫我们必须关注"AI 鸿沟"，因为踩坑的代价是非常高的。

　　在这里我必须要指出，马库斯是人工智能技术的坚信者，并在人工智能学术研究和实际应用上做了很多积极的推动工作。他也认为基于深度学习的人工智能技术在过去十多年有了长足的进步，为一系列商业化应用做出了重要贡献。马库斯质疑当前主流的人工智能技术，是希望学术界和其他相关行业能一起更有效地克服目前人工智能技术的局限性，探索新技术上的突破，从而真正实现可信的 AI。

　　本书的第二部分是第 6 章到第 8 章，在其中马库斯提出了他认为的能通向未来可信 AI 的核心路径。这一路径的起点是在研究人类如何获得认知能力时所获得的核心启发，并以此建立下一代人工智能技术中必要的内在结构。这里的核心理念是马库斯在长期跨学科科研探索中逐渐建立起来的，我们可以从库斯马早期的学术著作中看到相应的端倪。马库斯以认知科学、心理学、语言学和哲学为基础提取出 11 条关键线索，认为这将对未来人工智能技术在发展过程中达到具备人类智能的鲁棒性起到关键作用。这些线索的共同核心是用内在更丰富的结构来表达信息、建立认知、建立起其他智能体系的核心要素，比如因果推理能力等。

在第二部分中，马库斯还强调了常识在实现未来通用人工智能中的重要性。对于如何建立常识，书中的内容充分体现了马库斯作为一个跨学科的学者和跨行业的企业家、创业者所拥有的综合能力，既有核心的科学原则又有务实的系统操作：从表达时间、空间和因果关系开始，建立一个有足够灵活性的框架并以此来连接感知、操作、语言的能力，并能不断地从环境以及与环境交互中学习，同时将先验与学习有机地融合在一起。这将是一个非常艰巨的任务，但马库斯认为这是必需的工作，是建立真正智能体系的必经之路。

最后，马库斯讨论了几个建立可信的 AI 所需要的实际能力。首先，我们要有能力来工程化地、有效可靠地开发 AI 系统与应用。正如计算机科学早期发展的历史一样，软件开发工具和开发流程是经过计算机软件工程这门子学科多年的努力才逐渐建立起来的，我们需要同样的努力来逐步打造工程化开发 AI 系统与应用的能力。其次，确保 AI 系统的安全性需要全新的开发与运营能力，尤其是关键使命的 AI 应用。最后，AI 系统，比如机器人，需要其创造者赋予正当的道德伦理观念，类似于美国科幻作家艾萨克·阿西莫夫（Isaac Asimov）提出的机器人三定律。只有具备这些实际能力，我们才能真正创造可信的 AI。

众所周知，人工智能是目前为止人类历史上创新潜能最大的技术发展浪潮。在未来的几十年里，它不但能诞生全新的大规模基础产业，也能极大程度地提升和改造所有现有行业。人工智能技术及应用所产生的商业价值和社会价值将是空前的。但要推动人工智能的健康发展，我们需要不断推进人工智能核心技术的进步，以及各种人工智能应用的开发和实践。这将是一个持久的过程，需要学术界和产业界一起合作，需要看到不同的理念、听到不同的声音、表达不同的想法，在一个健康良好的环境中不断交流、撞出火花，更好地探索科学的真理，加速人工智能的进展。

尽管不无争议，但《如何创造可信的 AI》为我们提供了丰富的内容和理念。我希望，也相信中国的读者都能在阅读本书的过程中有所获益。

扫码获取"湛庐阅读"App
搜索"如何创造可信的 AI"
获取更多精彩内容

献给

我的孩子亚历山大和克洛伊

他们教会了我很多

献给

我的妻子雅典娜

她和我一样热衷于向孩子们学习

盖瑞·马库斯

◇————————◇

献给

一生挚爱，我的妻子比安卡

欧内斯特·戴维斯

虽说这一波理论潮流让我们这些业内人士欣然振奋，但同时也潜藏了危险的元素。我们相信，信息论能针对通信问题的本质提供根本性见解，是非常有价值的工具，其重要性也会日趋增长，但信息论却不是通信工程师的万金油，也不是其他人可以信手拈来的万灵药。自然界的诸多谜团不会被一下子轻易破解。当人们意识到仅凭信息、熵、冗余等令人激动的几个词并不能解决所有问题的时候，这场人造的繁荣局面就会在一夜之间坍塌殆尽。

克劳德·香农
信息论创始人

　　傻子都能"知道"。关键在于"理解"。

阿尔伯特·爱因斯坦[①]

---

① 起源不确定，通常认为是爱因斯坦的名言。

第 1 章 | AI 该往何处走

Rebooting AI: Building Artificial Intelligence We Can Trust

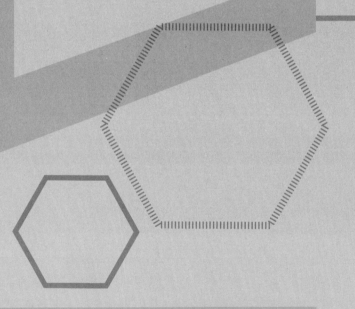

20 年之内，机器将拥有人类所具备的一切
工作能力。

AI 先驱，赫伯特·西蒙，1965 年

【一段漫长而艰辛的旅程中】
一个孩子：蓝爸爸，还有多远？
爸爸：不远了。

【过了很久】
另一个孩子：蓝爸爸，还有多远？
爸爸：不远了。

《蓝精灵》

自从人工智能诞生之始，业界专家就保持着愿景有余、"落地"不足的传统。20 世纪五六十年代，马文·明斯基（Marvin Minsky）①、约翰·麦卡锡（John McCarthy）与赫伯特·西蒙（Herbert Simon）等先驱人物曾发自内心地笃信，AI 的问题将在 20 世纪末之前被彻底解决。[1] 明斯基有句广为流传的名言："一代人之内，人工智能的问题将在总体上得到解决。"[2] 50 年之后，这些预言却未能实现，而新画的"大饼"却层出不穷。2002 年，未来学家雷·库兹韦尔（Ray Kurzweil）②公开断言 AI 将在 2029 年之前"超越人类本身的智慧"。[3] 2018 年 11 月，OpenAI 这家著名 AI 研究机构的联合创始人伊利亚·苏茨科弗（Ilya Sutskever）提出："我们应严肃认真地考虑近期实现通用人工智能（AGI）的可能性。"[4]

---

① 马文·明斯基被称为人工智能之父，他的著作《情感机器》中文简体字版已由湛庐文化引进，由浙江人民出版社于 2015 年出版。——编者注

② 雷·库兹韦尔的著作《人工智能的未来》通过对人类思维本质的全新思考，大胆预言了人工智能的未来。该书中文简体字版已由湛庐文化引进，由浙江人民出版社于 2016 年出版。——编者注

　　虽然从理论上讲，库兹韦尔和苏茨科弗的预言有望实现，但此事成真的可能性非常渺茫。我们距离具有人类智能灵活性的通用人工智能太过遥远，不是再走几小步就能到达的，相反，这个领域还需要大量的基础性进步。我们将阐明，继续复制行业过去几年间取得的成果是远远不够的，我们需要去做一些完全不同的事情。

　　即便并不是每个人都像库兹韦尔和苏茨科弗那样积极乐观，但从医疗行业到无人驾驶汽车领域，各种野心勃勃的承诺依然随处可见。[5] 这些承诺通常会落空。举例来说，2012 年，我们经常听到人们谈起"自动驾驶汽车将在不久的将来成为现实"。[6] 2016 年，IBM 宣称，在 Jeopardy! 智力问答节目中夺魁的 AI 系统沃森（Watson）将会"在医疗行业掀起一场革命"，并称沃森健康（Watson Healthcare）的"认知系统能理解、推理学习和互动"，并且"利用认知计算在近期取得的进步……我们能达到不敢想象的高度"。[7-9] IBM 的目标，是解决从药理学、放射学到癌症诊断与治疗中存在的诸多问题，利用沃森去读取医学文献，给出人类医生可能会遗漏的医疗建议。[10] 与此同时，AI 领域最卓越的研究人员之一杰弗里·欣顿（Geoffrey Hinton）说："很明显，我们应该停止培养放射科医师。"[11]

　　2015 年，Facebook 启动了 M 计划。这是一个目标远大、覆盖范围广泛的聊天机器人项目。这个机器人要有能力应对你的每一种需求，既能帮你预订餐厅座位，又能帮你规划下一次度假旅行。[12]

　　但是，直至今日，上述目标还没有一件得到落实。没准儿有一天，自动驾驶汽车能真正保证安全并普及，聊天机器人真能实实在在地满足你的所有需求，拥有超级智能的机器人医生真能给你看病。但现在看来，所有这一切都是理想，而非现实。

　　无人驾驶汽车的确存在，但主要局限在高速公路环境中，还需要人类司机就位才能保证安全，原因是软件太不靠谱，不敢让人以性命相托。2017年，Waymo 公司（从谷歌分拆出来专门从事无人驾驶汽车工作达 10 年之久的公司）首席执行官约翰·克拉夫茨克（John Krafcik）放出大话，说 Waymo很快就能推出无须人类司机作为安全保障的无人驾驶汽车。[13] 一年之后，正如《连线》杂志（*Wired*）所言，嚣张气焰全无，人类司机还在。[14] 没有人真的认为，无人驾驶汽车已经可以在"无人"状态下，完全凭借自身能力在城市之中或恶劣天气之下外出行驶。早期的乐观态度，也被现如今的冷静所取代。人们普遍认为，要达到真正的无人驾驶，尚需至少 10 年的发展，很可能 10 年还远远不够。[15]

　　同样，IBM 的沃森向医疗方向的转型也冷却了下来。2017 年，MD 安德森癌症中心停止了与 IBM 在肿瘤学方面的合作。[16] 据报道称，沃森给出的一些建议"不安全、不正确"。[17] 2016 年，位于德国马堡的"罕见病和未确诊疾病中心"利用沃森开展的项目，不到两年就被叫停，因为"工作结果无法接受"。[18-19] 当医生将病人的胸痛症状告知沃森系统时，沃森并没有提出心脏病、心绞痛或主动脉撕裂等可能的诊断，而这些连一年级的医学生都能提出。

　　沃森的问题被曝光后不久，Facebook 的 M 计划也被叫停。[20] 此时距离项目启动的时间还不到 3 年。

　　虽然 AI 领域一直以来都保持着虎头蛇尾的习惯，但看好 AI 的呼声依然狂热到爆棚。谷歌前首席执行官艾里克·施密特（Eric Schmidt）曾信心满满地宣布，AI 会解决气候变化、贫困、战争和癌症等诸多社会问题。[21] X-Prize 创始人彼得·戴曼迪斯（Peter Diamandis）在他的著作《富足》（*Abundance*）①

---

① 《富足》中文简体字版已由湛庐文化引进，由浙江人民出版社于 2016 年出版。——编者注

中也提出过类似的观点，认为强 AI 在成真之日"一定会如火箭般载着我们冲向富足之巅"。[22] 2018 年初，谷歌首席执行官桑达尔·皮查伊（Sundar Pichai）宣称："AI 是人类正在从事的最重要的事业之一，其重要性超越电和火的应用。"[23] 不到一年之后，谷歌被迫在一份给投资者的报告中承认，"纳入或利用人工智能和机器学习的产品和服务，可能在伦理、技术、法律和其他方面带来新的挑战，或加剧现有的挑战"。[24]

还有些人因 AI 的潜在危害而苦恼不已，而这些担忧与实际情况相去甚远。牛津大学哲学家尼克·博斯特洛姆（Nick Bostrom）提出了关于超级智能占领世界的话题，好像这个灾难不久就会发生似的。[25] 亨利·基辛格（Henry Kissinger）在《大西洋月刊》（*The Atlantic*）发表的文章中称，AI 的危险可能极其巨大，"人类历史可能重蹈印加人的覆辙，面对 AI，就像印加人面对无法理解的西班牙文化一样，甚至会对其产生崇拜和敬畏之心"。[26] 埃隆·马斯克（Elon Musk）曾提出警告，称推进 AI 向前发展的行为无异于"召唤恶魔"，为人类带来"比核武器更恐怖"的危险。[27-28] 已故的史蒂芬·霍金（Stephen Hawking）曾说过，AI 的发明可能是"人类文明史上最可怕的事件"。[29]

但是，他们所讨论的 AI 究竟是什么样的 AI？回到现实之中，满眼看到的都是连门把手都打不开的机器人，"自动巡航"模式下的特斯拉三番五次追尾停在路边的车辆，仅 2018 年就发生过至少 4 次。[30] 这就好比是，生活在 14 世纪的人们不去操心当时最急需的卫生环境，却在为交通堵塞问题而杞人忧天。

真的有可信的 AI 吗

人们之所以总是过高地估计 AI 的实际能力，一部分原因在于媒体的夸张宣传，将每一次小小的成绩描绘成天翻地覆的历史性突破。[31]

看看下面这两个关于所谓机器阅读技术大突破的文章标题。

　　A:《机器人超越人类阅读水平，令数百万人面临失业风险》[32]
　　　　——《新闻周刊》(Newsweek)，2018 年 1 月 15 日

　　B:《计算机的阅读能力正在赶超人类》[33]
　　　　——《CNN 财富》(CNN Money)，2018 年 1 月 16 日

　　第一个标题比第二个更加阴险，但两个标题都对一点点小进步进行了极大夸张。首先，此事根本没有机器人参与，而且研究过程中只从一个极其片面的角度对阅读能力进行了测试，与阅读理解的全面测试相距甚远。根本没有谁的工作会因此而受到威胁。

　　实情是这样的：微软和阿里巴巴两家公司分别开展了"斯坦福问答数据库"（SQuAD, the Stanford Question Answering Dataset）项目，对计算机在阅读过程中一个覆盖面很窄的单一方面进行了针对性测试。[34] 结果显示，针对该特定任务的阅读能力有微小进步，从之前的 82.136% 提高到了 82.65%，也就是所谓的从之前不及人类的水平提高到了人类的水平。其中一家公司发布了一篇媒体新闻稿，将这点微不足道的成绩说成革命性的突破，并宣布"能阅读文件、倾听叙述并回答问题的 AI"就此诞生。[35]

　　现实远远没有这么性感。上述测试是被设计来搞研究的，并不能作为阅读理解水平的评判基准。测试中提到的每一个问题，都能从文章中生搬硬套地找到答案。说白了，这个测试只能评判划重点的能力，别无其他。至于阅读的真正挑战——推断出作者在字句之外所表达的意思，这些测试则根本连边都沾不上。

举例来说，假设我们给你一张纸，上面写着这样一段话：

> 苏菲和亚历山大两个孩子外出散步。他们都看到了一只狗和一棵树。亚历山大还看到了一只猫，并指给苏菲看。她跑去摸了摸小猫。

我们可以轻而易举地回答诸如"谁去散步"之类的问题，问题的答案"苏菲和亚历山大"是直接在文中标明的。但真正的阅读需要我们更进一步看到字句之外的意思。我们还应该能回答诸如"苏菲有没有看到猫"和"孩子们有没有被猫吓到"等问题，虽然这些问题的答案并没有直接摆在文字之中。如果你回答不了，就没办法理解接下去会发生的事情。斯坦福问答数据库并不包含此类问题，新的 AI 系统也没办法应对这类问题。① 为了进行对比，我们在撰写此段内容时，本书作者马库斯将这则故事在他 4 岁半的女儿克洛伊身上进行了测试。克洛伊不费吹灰之力就推断出了故事中的苏菲看见了猫。克洛伊还不到 6 岁的哥哥更棒，接着说如果那只狗其实是一只猫则会如何如何。这种能力，是现如今的 AI 完全无法企及的。

技术大鳄们每次发布这样的新闻稿，基本都是同一个套路。而众多媒体（幸亏不是所有媒体）都将一点点小进展描绘成意义非凡的革命壮举。举例来说，几年前，Facebook 开展了一个基础的概念验证项目，针对 AI 系统阅读简单故事并回答相关问题的能力进行评估。[36] 结果一大堆热情高涨的新闻标题随之呼啸而来，《Facebook 称已找到让机器人更富智慧的秘密》《能学习并回答问题的 Facebook AI 软件》《能阅读〈魔戒〉概要并回答问题的软件，可加强 Facebook 搜索能力》，诸如此类。[37-38]

---

① 甚至连更简单的问题，比如"亚历山大都看到了什么"都是回答不出来的。因为答案（一只狗、一棵树、一只猫）需要将两段不连续的内容标注出来。而这项测试将任务进行了简化，问题答案都存在于同一段连续文字内容之中。

果真如此的话，确实属于重大突破。哪怕是能看明白《读者文摘》或托尔金的简明注释本，都算是个了不起的壮举，更别提看懂《魔戒》原著本身了。

但无奈的是，真有能力完成这一壮举的 AI 根本不在我们现如今的视野之中。Facebook AI 系统所阅读的文本概要实际上只有 4 行文字：

> 比尔博回到洞穴。咕噜将魔戒留在了那里。比尔博拿到魔戒。比尔博回到夏尔郡。比尔博将魔戒留在了那里。佛罗多拿到魔戒。佛罗多前往末日山。佛罗多将魔戒留在那里。索伦魔王死去。佛罗多回到夏尔郡。比尔博前往灰港。全剧终。

但即使这样，这个 AI 系统竭尽全力能做到的只是直接回答段落中所体现的基本问题，例如"魔戒在哪里""比尔博现在何处""佛罗多现在何处"。千万别想问"佛罗多为什么放下魔戒"之类的问题。

许多媒体人在进行技术报道时，尤其喜欢夸大其词。这样做的直接后果就是让公众误以为 AI 成真的曙光已经洒满大地。[39] 而实际上，我们还有很漫长的夜路要走。

从今往后，若再听说某个成功的 AI 案例，建议读者提出以下 6 个问题：

1. 抛开华而不实的文笔，此 AI 系统究竟实实在在地做到了哪些事？
2. 此成果的通用性有多强？（例如：所提到的阅读任务，是能测量阅读中的所有方面，还是只有其中的一小部分？）
3. 有没有演示程序，能让我用自己的例子来实验一下？如果没有，请保持怀疑态度。

4. 如果研究人员或媒体称此 AI 系统强于人类，那么具体指哪些人类，强出多少？

5. 被报道的研究成果中所成功完成的具体任务，实际上将我们与真正的人工智能拉近了多少距离？

6. 此系统的鲁棒性如何？如果使用其他数据集，在没有大规模重新训练的情况下，是否还能成功？（例如：一个玩游戏的机器如果掌握了下国际象棋的技能，它是否也能玩《塞尔达传说》这类动作冒险游戏？用于识别动物的系统，是否将之前从未见过的物种准确识别为动物？经过训练能在白天出行的无人驾驶汽车系统，是否也能在夜间或雪天出行，如果路上新增了一个地图中没有的绕行标志，系统是否知道如何应对？）

本书的写作目的，是要帮助读者拿出怀疑的眼光来看待现实。更深一步，我们还要分析，时至今日 AI 依然没有步入正轨的原因是什么；我们要思考，究竟该怎么做才能获得稳健而可信的 AI，有能力在复杂而瞬息万变的世界中发挥作用的 AI，让我们能真心信任的 AI，能将自己的家园、自己的父母和孩子、自己的医疗决策，甚至自己的性命相托的 AI。

诚然，最近几年来，AI 的确以日新月异的速度变得更加令人震撼，甚至令人叹为观止。从下棋到语音识别再到人脸识别，AI 都取得了长足的进步。我们特别欣赏的一家名叫 Zipline 的创业公司，利用了一些 AI 技术来引导无人机将血液送到非洲的患者身边。[40] 而像这样有价值的 AI 应用，在几年前还是无法实现的。

最近 AI 界的许多成功案例，大都得到了两个因素的驱动：第一，硬件的进步，通过让许多机器并行工作，更大的内存和更快的计算速度成为现实；第二，大数据，包含十亿字节、万亿字节乃至更多数据的巨大数据集，在几年前还不存在。比如 ImageNet 存有 1400 万张被标记图片，这在训练计算机视觉系统时发挥了至关重要的作用。[41] 除此之外，还有维基百科以及共同构成万维网的海量文件。

和数据同时出现的，还有用于数据处理的算法——"深度学习"。深度学习是一种极其强大的统计引擎（statistical engine），我们将在第 3 章中对此进行具体解释和评价。从 DeepMind 下围棋的 AlphaZero 和下国际象棋的 AlphaZero[①]，到谷歌最近推出的对话和语音合成系统谷歌 Duplex，AI 在近几年所取得的几乎每一项进展，其核心都是深度学习。[42-43] 在这些案例中，大数据、深度学习再加上速度更快的硬件，便是 AI 的制胜之道。

深度学习在许多实际应用领域也取得了极大的成功，如皮肤癌诊断、地震余震预测、信用卡欺诈检测等。[44-46] 同时，深度学习也融入了艺术和音乐领域，以及大量的商业应用之中，从语音识别到给照片打标签，再到资讯信息流的排序整理等。[47-51] 我们可以利用深度学习去识别植物，自动增强照片中的天空，甚至还能将黑白照片转换成彩色。[52-54]

深度学习取得了令人瞩目的成就，而 AI 也随之成了一个巨大的产业。谷歌和 Facebook 上演了史诗级的人才大战，为博士生开出高薪。[55] 2018 年，以深度学习为主题的最重要的一场科学大会，全部门票在 12 分钟之内被抢购一空。[56] 虽然我们一直认为，拥有人类水平灵活性的 AI 比许多人想象的要更难以实现，但近些年取得的长足进展也不容否认。大众对于 AI 的兴奋并非偶然。

各个国家也不甘落后。法国、俄罗斯、加拿大和中国等国家在 AI 领域都做出了重大战略部署。[57] 麦肯锡全球协会认为，AI 对于经济的整体影响可

---

① AlphaZero 是从零开始训练的通用棋类 AI，可以下围棋、国际象棋和日本将棋等。——译者注

达 13 万亿美元，其历史意义完全可以与 18 世纪的蒸汽机和 21 世纪初的信息技术相媲美。[58]

然而，以上种种并不能确保我们走在正确的道路上。

即使数据越来越充裕，计算机速度越来越快，投资数额越来越大，我们还是要认清一个现实：当下的繁荣局面背后，缺少了某些本质上的东西。就算揽尽所有这些进步，机器在许多方面依然无法和人类相提并论。

以阅读为例。当你读到或听到一个新句子时，你的大脑会在不到一秒钟的时间内进行两种类型的分析：[59] 第一，句法分析，将句子拆解成一个个名词和动词，领会单个词汇的意义和整个句子的意义；第二，将这句话与你所掌握的关于世界的知识相联系，把这些通过语法组织在一起的零件与你所了解的所有实体以及你脑海中的所有思想整合为一体。如果这句话属于电影中的一段对话，你就会根据这句话对你所理解的该角色的意图和展望进行更新。此人想要做什么？他说的是实情还是谎言？这句话和之前发生的情节有着怎样的关系？这样一句话会对他人构成怎样的影响？举例来说，当数千名奴隶一个接一个地冒着被处决的危险站起来高呼"我是斯巴达克斯"时，我们立刻就能知道，除了斯巴达克斯本人之外，其他所有人都在说谎，而眼前的一幕又是那么动人、那么深刻①。我们随后会讲到，当前的 AI 项目根本达不到这样的理解水平。据我们所知，目前的 AI 水平甚至连朝这个理解水平发展的动力都不具备。AI 的确取得了大幅进展，但物体识别这类已经被解决了的问题，与理解意义的能力有着天壤之别。

这在现实世界中事关重大。我们如今所用的社交媒体平台背后的 AI 项目，

---

① 斯巴达克斯是古罗马时期的角斗士、军事家，经常被描述为反抗罗马奴隶主的起义者，在许多文学、影视作品中都被演绎。——编者注

会向用户发送那些为了获得点击率而胡编乱造的故事，从而为虚假新闻推波助澜。因为它们无法理解新闻的内容，无法判断其中的讲述是真是假。[60]

　　就连貌似平淡无奇的开车这件事，也比我们以为的要复杂得多。开车时，我们所做的 95％ 的事情都是照章行事，很容易由机器来复制，但如果一位滑板少年突然冲到你的车前，你的正常反应和行为是目前的机器无法可靠完成的：根据全新的、预期之外的事件进行推理和行动，不仅仅依据由先前经验所组成的巨大数据库来采取行动，还要依据强大而富有灵活性地对世界的理解来采取行动。而且我们不能每次看到没见过的东西就踩刹车，否则路上的一堆树叶就会造成刹车和追尾。

　　目前还没有值得信赖的达到真正无人驾驶水平的汽车。可能消费者能买到的最接近于无人驾驶水平的汽车，就是拥有自动巡航功能的特斯拉，但特斯拉也需要人类司机在驾驶过程中全程聚精会神。在天气状况良好的高速公路上，特斯拉的系统还是比较可靠的，但它在人流车辆密集的市区就没那么可靠了。在下着雨的曼哈顿或孟买的街道上，我们宁愿将自己的性命交托给随便哪个人类司机，也不愿信任无人驾驶汽车。① 此项技术尚未成熟。[61] 正如丰田自动驾驶研发副总裁所言："在波士顿的天气和交通状况下，搭无人驾驶汽车从剑桥到洛根机场，这样的事情可能我这辈子都无法亲身经历了。"[62]

　　同样，说到电影情节或是报刊文章的中心思想，我们宁愿相信初中生的

---

① 目前尚未有人发表关于人类驾驶安全性和机器驾驶安全性的直接对比数据。关于无人驾驶汽车的许多测试，都是在高速公路上而非人群密集的市区进行的。因为高速公路的环境对于机器而言最易处理，而市区环境则会给 AI 造成更大的挑战。公开数据显示，就算是在相对简单的驾驶条件下，现有软件也需要人类每 1 万小时至少干预一次。从一个不那么完美的对比角度来看，人类司机平均每 1.6 亿千米才会出现一次致命交通事故。无人驾驶汽车的最大风险之一是，如果机器只需要人类偶尔干预一次，那么我们就会放松懈怠，在真正需要干预的时刻无法快速响应。

理解，也不敢相信 AI 系统的判断。就算我们再不喜欢给宝宝换尿布，也不敢想象，如今正在开发中的机器人能帮我们做这件事并且足够可靠。

狭义 AI 与广义 AI

一言以蔽之，目前的 AI 是在限制领域内专用的狭义 AI（Narrow AI），只能应用于其设计初衷所针对的特定任务，前提是系统所遇到的问题与其之前所经历过的场景并没有太大的不同。这样的现实，令 AI 可以完全征服围棋，因为围棋 2500 年来始终保持着一成不变的规则，该现实却令现有的 AI 在真实世界场景中黯然失色。将 AI 带到下一个高度，需要我们发明出灵活性更高的机器。

我们现在所拥有的 AI 软件，基本等同于数字化白痴专家：可以读懂银行支票、给照片打标签、以世界冠军的水准玩棋牌游戏，但也仅限于此。投资人彼得·蒂尔（Peter Thiel）曾说过，我们本来想要的是能飞上天空的汽车，结果得到的却是 140 个字符 ①。现在的情况是，我们本来想要的是能迅速执行指令、给孩子换尿布、给家人做饭的"机器人罗茜"（Rosie the Robot），② 结果得到的却是带着轮子的扁圆形扫地机器人。

再来看看谷歌 Duplex 这个能打电话、听起来与真人几乎无异的系统。63 2018 年春季，当谷歌公开发布该系统之时，许多人都在议论，计算机在打电话时是否应该主动报出"非人"的身份。在公众压力下，谷歌于几天之后接纳了计算机自报身份的建议。但这个故事的背后，却是 Duplex 有效场景非常受限的现实。谷歌及其母公司 Alphabet，估计比全世界任何一家公司都拥有

① 指 Twitter 每一条消息不超过 140 个字符。——译者注
② 动画片《杰特逊一家》（The Jetsons）中的一个机器人女佣角色。——译者注

更多的计算机、数据和 AI 人才资源，但他们费了九牛二虎之力搞出来的系统，却只能干三件事：预订餐厅座位、跟发型师预约理发时间，以及查看某些商铺的营业时间。[64] 软件的测试版本在安卓手机上公开发行后，甚至连预约理发时间和查看营业时间的功能也消失了，只剩下了预订餐厅座位。[65] 很难想象，还有比 Duplex 应用场景更窄的系统。①

的确，这种类型的狭义 AI 正在以日新月异的速度向前发展。我们敢自信满满地肯定，未来几年一定能见证更多的突破。但是，AI 远远不只是让数字化助理给你订个餐厅座位这么简单的事。

AI 还可以治愈癌症，可以搞清楚大脑的工作方式，可以发明出新材料，提高农业和交通的效率，还可以找到全新的思路去应对气候变化。现在与谷歌同属一家母公司 Alphabet 的 DeepMind 曾有一句口号："搞定智慧，然后用智慧搞定所有其他问题。"

虽然这种说法有点夸大其词，因为许多问题都并不是纯技术问题，而是有政治因素在里面，但我们还是表示认同。AI 的进步，只要足够大，就能造成深远的影响。如果 AI 能像人类一样阅读和推理，还能利用现代计算机系统的精准度、耐心和庞大的计算资源，科学和技术就会得到迅速提升，医学和环境科学也将出现巨大改善。这才是 AI 应该去做的事情。但是，正如后面的内容所言，我们无法单凭狭义 AI 这一股力量到达理想的彼岸。

机器人如果能配备远比我们目前 AI 更为强大的能力，也一定可以造成深远的影响。想象一下，等到全能机器人管家真正到来的那一天，我们就再

---

① 谷歌 Duplex 的设计初衷就是聚焦于封闭场景"做深做透"，因为在目前的技术条件下，将应用场景收窄才能做到真正的实用，这与 Siri 之类"什么都会但什么都做不好"的通用型"鸡肋"助手不同。——译者注

也不用擦洗窗户，不用扫地，不用给孩子准备午餐便当，不用洗尿布。盲人可以配备机器人助手，老年人可以由机器人来护理。机器人还能取代人类去从事那些危险工作，或在人类完全无法进入的地区工作，到地下、水下、火灾现场、坍塌建筑物、火山内部、出故障的核反应堆之中去工作。等到那一天，因公致死的事件会比现在少很多，而我们开采宝贵自然资源的能力也会比现在提高很多，完全无须人类以身涉险。

同样，如果无人驾驶汽车能够可靠工作的话，就可能造成深远的影响。美国每年有 3 万人死于交通事故，全球每年有 100 万人死于交通事故。[66] 如果自动驾驶汽车的 AI 水平能够趋于完美，那么这些死亡数字就会直线下降。

然而，问题在于，我们现在所遵从的思路，根本无法引领我们走到家务机器人或自动化科学发现的那一天，甚至根本无法让我们拥有完全可靠的无人驾驶汽车。现在仍然缺少一些重要的东西，仅仅狭义 AI 是不够的。

令人担忧的是，在现在这种情况下，我们还将越来越多的权力交到并不可靠的机器手中，而这些机器完全不具备对人类价值观的理解。苦涩的现实是，目前投入到 AI 之中的大把银子换来的解决方案都太过脆弱、难以解释、不够可靠，根本无法解决利害关系较大的问题。

问题的核心就在信任二字。我们如今所拥有的狭义 AI 系统的确能按照编程逻辑去完成工作，但我们无法信任这样的系统去做那些没有被程序员精准预期到的任务。而当利害关系足够大时，这一问题就显得特别要命。如果狭义 AI 系统在 Facebook 上给你推送了一条错误的广告，那么一切照常，日子该咋过咋过。但如果 AI 系统驾驶着你的汽车，全速撞向其数据库中并不存在的外观奇特的车辆，或是 AI 给癌症病人下了错误的诊断，就真的生死攸关了。

如今的 AI 界所普遍欠缺的是广义 AI（Broad AI），也就是所谓的通用人工智能。如果行业不及时采纳全新的思路，这种缺陷还会持续下去。AI 不仅应该有能力处理那些由大量廉价数据支持的特定情况，还应该有能力处理全新的问题，处理那些之前从未见过的变化。

广义 AI 领域的进展要比狭义 AI 缓慢许多。广义 AI 的目标，就是要有能力灵活适应这个本质上疆域无限的世界——这恰恰是人类拥有，而机器却未曾触及的能力。如果我们想要将 AI 带到下一个高度，那么这就是 AI 领域需要努力的方向。

当 AI 参与到像围棋这样的棋牌游戏之中时，它需要处理的系统是完全封闭的，一个摆着黑白棋子的 19×19 的棋盘，规则固定不变。而且机器本身就有快速处理这个得天独厚的优势。AI 能关注到整个棋盘，知道自己和对手能走出的每一步招数。一场比赛下来，AI 要走出其中一半的棋子，并且能准确地预知每走一步会带来怎样的局面。AI 程序自己就能下数百万盘棋，收集大量的试错数据，而这些数据又能精准地反映出 AI 系统在与人类冠军对决时所处的境况。

相比之下，真实生活是没有棋盘限制的，更没有数据能完美地反映出瞬息万变的世界。真实生活没有固定规则，拥有无限的可能性。我们不可能将每一种情况都事先排练一遍，更不可能预见在任何给定情况下需要什么信息。举例来说，阅读新闻的系统不能只经历关于上个礼拜、去年或有记载历史上发生的旧事旧闻的训练，因为每时每刻都在发生着全新的情况。拥有智慧的新闻阅读系统，必须有能力掌握普通成年人应该知道的新闻报道中从未提及的每一样背景信息，比如"你能用螺丝刀拧紧螺丝""手枪形状的巧克力不能射出真正的子弹"。这种灵活性正是通用人工智能的全部所在，任何一个普通人都拥有这种智能。

　　狭义 AI 不具有可替代性。我们不可能让一个用于新闻理解的 AI 整天围着金属工具打转，另一个 AI 整天围着武器形状的巧克力打转。这样做既荒谬又不切实际。我们永远也不可能搞来足够多的数据将它们通通训练一遍。也没有哪个单一狭义 AI 能获得足够多的数据，覆盖所有的情况。想要用机器去理解新闻报道这个行为本身，就不符合纯粹靠数据驱动的狭义 AI 的整体范式，因为世界本身是开放的。

　　世界的开放性意味着在我们家里四处走动的机器人会遇到无限种可能性，碰到壁炉、墙上挂着的艺术画作、压蒜器、路由器、宠物、孩子、家庭成员、陌生人，还可能碰到上周才上市的全新玩具。机器人必须对所有这些事物进行实时推理。每一幅画作看起来都不一样，但机器人不可能对着每一幅画作分别学习，搞明白自己应该做什么、不应该做什么（让画作在墙上好好挂着，不要将面条扔到画作上，等等），陷入无穷无尽的试错任务之中。

　　从 AI 的角度来看，驾驶的大部分挑战来自驾驶的开放性。好天气下在高速公路上驾驶的情况，狭义 AI 还有能力处理，因为高速公路本身还算是个封闭系统，行人不能穿越，就连车辆的进入也有所限制。但是，无人驾驶技术的工程师已经意识到，在市区环境中驾驶的情况就复杂得多。熙熙攘攘的都市道路上，任一给定时刻会出现什么状况，有着无穷无尽的可能性。人类司机有能力在掌握极少数据或根本没有直接数据（比如第一次看见交通警察举着手写标志"路面塌陷请绕行"）的情况下，根据当时的情境予以应对。针对这类情境有个术语，叫作异常值（outliers）。狭义 AI 总是因为异常值的存在而转不开磨。[67]

　　狭义 AI 领域的研究者在概念验证和构建演示程序的竞赛中，常常会忽略异常值。但是，如何利用通用人工智能来应对开放性的系统，而非利用专为封闭性系统设计的蛮力，才是整个行业向前发展的关键所在。

本书要讲的，就是我们需要怎么做，才能向更宏伟的目标前进。

我们了解到，构建有能力对世界进行推理的系统，有能力对周边世界形成深刻理解的系统，才是朝向值得我们信任的 AI 系统前进的正确方向。

人类的未来与此息息相关，这么说一点儿都不夸张。AI 有足够的潜质来帮助我们迎接人类面对的一些最严峻的挑战，在医疗、环境、自然资源等关键领域发挥重要作用。但是，当我们将越来越多的权力交与 AI 时，我们就越要确信，AI 能够以可靠的方式来使用这样的权力。而这就迫使我们不得不对整个范式进行重新思考。

理想与现实之间的鸿沟

本书英文书名中之所以用上了"rebooting"（重启）二字，是因为眼下这条路是走不通的，无法通向安全、聪明、可信的 AI。业界在狭义 AI 短期成绩上的痴迷，以及大数据带来的唾手可得的"低垂的果实"，都将人们的注意力从长期的、更富挑战性的 AI 问题上转移开来。这一问题，就是如何为机器赋予对世界产生更深刻理解的能力。而业界若想进步，这是个必须解决的问题。没有更加深刻的理解能力，我们永远也无法获得真正值得信任的 AI。用技术行话来说，我们可能会陷入局部最大值，这种方法比已经尝试过的任何类似的方法都要好，但是没有好到可以将我们带到想去的地方。

现在，理想与现实之间，存在着一个被称为 AI 鸿沟（The AI Chasm）的大坑。

追根溯源，此大坑可一分为三。其中每一个都需要我们坦诚面对。

　　第一个坑，我们称之为"轻信坑"。人类在进化过程中，并没有发展出在人类和机器之间进行区分的辨别能力，这就让我们变得特别容易被愚弄。我们之所以认为计算机可以拥有智慧，是因为人类的整个进化过程都是与人为伴，而人类本身的行为是以思想、信仰和欲望等抽象概念为基础的。从表面看来，机器的行为常常与人类行为有相似之处，于是我们会不假思索地认为机器也拥有和人类一样的某种思维机制，而事实上，机器并不具备这样的能力。我们总是控制不住自己，从认知的角度去看待机器（"这台计算机认为我把文件删除了"），根本不在意机器实际遵从的规则是多么的简单通透。但是，某些完全适合用在人类身上的推论，放到 AI 身上就会大错特错。为向社会心理学表达敬意，我们参考其中一条中心原则的称谓，将此现象称为"基本超归因错误"①。[68]

　　基本超归因错误的早期案例之一，发生在 20 世纪 60 年代中期。一个名叫伊丽莎（Eliza）的聊天机器人在交流时，令人感觉它能听懂人们的话。[69] 事实上，伊丽莎只不过是在关键词之间做了对应，回应刚刚说到的事情，当不知道该说什么时，就来一句标准的对话开场白："跟我讲讲你的童年时代。"如果你提到了你母亲，它就会跟你聊你的家庭，而它根本不知道家庭为何物，更不明白家庭有何重要性。伊丽莎只是一系列小把戏，而非真正的智能。

　　虽然伊丽莎对人的理解单薄如纸，但许多用户还是被愚弄了。有些人会和伊丽莎用键盘一连聊好几个小时，错误地领会伊丽莎给出的那些貌似富有同情心的回复。用伊丽莎的创造者约瑟夫·魏岑鲍姆（Joseph Weizenbaum）的话说：

　　　　人们本来对和机器对话这件事心知肚明，但很快就会将这一事实

---

① 这一名称来自社会心理学中的"基本归因错误"，是指人们常常把他人的行为归因于人格或态度等内在特质，而忽略他人所处情境的重要性。——译者注

抛在脑后。就像去剧院看戏的人们一样，在一环扣一环的情节渲染下，很快就会忘记他们眼前的一幕并非"真情实景"。人们常常要求和系统进行私下交流，并且在交流一段时间之后，坚持认为此机器真的懂他们，无论我再怎么解释也没用。[70]

在其他一些案例中，超归因错误甚至会威胁到人们的生命。2016 年，一位特斯拉车主将自己的性命完全交托给了自动巡航系统，[71] 据说，他是一边看《哈利·波特》电影，一边任由系统载着他在路上行驶。原本安好的生活就这样被一场事故打破了。在安全驾驶数十万千米之后，车辆遇到了预期之外的情境：一辆白色运货卡车横穿高速公路，特斯拉直接钻到货车下面，车主当场毙命。车辆似乎向车主发出过几次报警，请他将双手放在方向盘上，但车主似乎心不在焉，没有理会。[72] 这场事故背后的道理十分清楚：仅仅因为某些东西在某些时刻貌似拥有智慧，并不意味着它的确如此，更不意味着它能像人类一样处理所有的情况。

第二个坑，我们称之为"虚幻进步坑"：误以为 AI 解决了简单问题，就相当于在难题上取得了进步。IBM 对沃森的大肆吹捧，就属于此类。沃森在 Jeopardy! 竞技节目中获胜，被认为是机器在语言理解方面走出了一大步，而实际上并非如此。

DeepMind 的 AlphaGo 很可能也会走上同样的老路。围棋和国际象棋都属于"完全信息"型游戏，任一时刻，玩家双方都能看到整个棋盘。而在真实世界的场景中，没人能 100％ 地肯定任何事，我们所掌握的数据常常充满噪声，七零八落；就算在最简单的情况下，也存在大量的不确定性。比如我们要去医院看病，恰逢阴天，正在考虑是走着去还是乘地铁。我们不知道等地铁需要多长时间，不知道地铁是否因故障而停在某处，不知道地铁里的人是否已经挤成馅饼，也不知道如果走着去会不会淋雨，不知道如果我们迟到了医生会做何反应。我们只能根据自己掌握的信息来做决策。相比之下，像 DeepMind 的 AlphaGo 那样与自己下 100 万盘围棋，是可以预期的，系统永远也不可能面对不确定性或不完全的信息，更不可能遇到人类交流时的复杂局面。

像围棋这样的游戏，与真实世界还有另外一种本质上的区别。这种区别与数据有关：游戏可以进行完美的模拟，因此，玩游戏的 AI 系统可以轻而易举地获得大量数据。在围棋上，机器可以通过与自己下棋的方法，模拟与人类之间的竞技；如果系统需要数十亿个数据点，就尽可能频繁地与自己对弈；程序员可以在几乎不负担任何成本的情况下，得到完美而清晰的模拟数据。

相比之下，在真实世界中，完美而清晰的模拟数据根本就不存在，也不可能总是运用试错的手法去收集数千兆字节的相关数据。在真实世界中，我们只能用有限的次数来尝试不同策略。不可能去医院 1000 万次，不慌不忙地每次调整一下参数，以优化我们的决策。如果程序员想要训练一个能将失能老人抱到床上的老年人护理机器人，那么每一个数据点都需要用真金白银和实实在在的人类时间去换。没有完美而可靠的模拟手段去收集所有数据，就连用于汽车事故测试的假人也无法取代真人。我们必须从真正的活生生的血肉之躯中，从不同类型的床中，从不同类型的睡衣中，从不同类型的住宅中，才能收集到可靠的数据。而且我们根本没有出错的余地。让老人从距离床边十几厘米的位置掉下来，就会酿成一场灾难。这是生死攸关的事。[①] 正如 IBM 几次三番地通过国际象棋和 Jeopardy！证明，

[①] 利用狭义 AI 技术，我们已经在这一领域取得了一点点进步。如今的 AI，已经能像最优秀的人类玩家一样驰骋于 Dota2 和 Starcraft2 等视频游戏中。这两款游戏在任意给定时刻只会向玩家展示游戏世界中的一部分，由此便创造出了某种"战争迷雾"般的挑战。[73-74] 但是，这些系统都是狭义 AI，关键时刻不堪一击。举例来说，专门玩 Starcraft2 的 AlphaStar，只在某个特定"种族"的人物上进行过训练，而这些训练几乎完全无法传递到另一个种族上。[75] 我们也根本找不到理由认为，用在这些游戏里的技术能泛化到复杂的真实世界环境中。

在封闭世界中取得成功，并不能确保在开放世界中获得同样的成绩。[76]

第三个坑，就是我们所称的"鲁棒坑"。在业界，我们时常目睹这样的现象：每当人们找到了在某些时候能发挥作用的 AI 解决方案，他们就会假定，只要再稍加努力，再多一点数据，此系统就能在所有的时刻发挥作用。而事实并不见得如此。

以无人驾驶汽车为例。做出一辆无人驾驶汽车的演示，在安静的道路上保持一条车道向前行驶，是相对简单的事。人们在好几年前就已经做到了。而让系统在富有挑战或预期之外的情境中工作，难度就会大增。正如杜克大学人类与自动化实验室主任米西·卡明斯（Missy Cummings）在写给我们的电子邮件中所言，问题不在于某辆无人驾驶汽车能在不出事故的情况下跑多少千米，而在于汽车本身的适应能力有多强。用她的话来说，如今的半自动汽车"一般情况下只在极窄极受约束的条件下运行，根本无从得知系统在不同的操作环境和条件下会出现什么状况"。[77] 在凤凰城经过了数百万千米的测试，且表现得无懈可击，非常可靠，并不意味着在孟买的季风天气下不会出问题。

将车辆在理想情况下（如晴天的乡村公路）的行驶表现与车辆在极端情况下的表现混为一谈，是将整个行业置于生死边缘的重大问题。行业中人对极端情况的存在视而不见，甚至连保障车辆性能的方法论都对极端情况不予理会，直到最近才开始有人翻出旧账。行业目前的状态，就是拿着数十亿美元在无人驾驶汽车的技术研发上打水漂儿，因为目前这条老路的鲁棒性差得太远，根本不可能让车辆拥有人类水平的可靠性。我们需要的是完全不同的技术思路，只有这样，才能将我们迫切需要的最后那一点点可靠性掌握在手中。

汽车不过是其中一个例子。总体来看，在当下的 AI 研究中，鲁棒性都没有得到足够的重视。一部分原因在于目前的 AI 研究重点都放在了解决那些容错能力较高的问题上，比如广告和商品推荐。如果给你推送了 5 个商品，你只喜欢其中 3 个，那么谁也不会因此而受到伤害。但是，在事关重大的未来 AI 应用领域之中，包括无人驾驶汽车、老人照护、医疗规划等，鲁棒性都至关重要。没人会花钱买个只能以五分之四的概率将爷爷安全抱到床上的机器人管家。

就连在当前水平的 AI 最擅长的领域，也潜藏着危机。以计算机图像识别为例，有时 AI 的确能识别出来，但很多时候不仅识别不出来，而且错误犯得让人哭笑不得。如果你给所谓的"自动标题系统"看一张日常情景的图片，常常能得到与人类非常接近的回答，正如这幅图片，其中有一群正在玩飞盘的人，被谷歌的自动标题系统打上了正确的标签。[78]

一群正在玩飞盘的年轻人

AI 自动生成的合理标题

但仅仅 5 分钟之后，你可能又从系统中得到一个荒谬至极的答案，正如这个贴着许多贴纸的停车标志，被系统错误地识别为"装了许多食品和饮料的冰箱"。[79]

装了许多食品和饮料的冰箱

同一个系统生成的不那么合理的标题

　　系统究竟为什么会犯这样的错误，没有人做过任何解释，但这类错误并不少见。我们设身处地从系统的角度出发去思考，在这个特定案例中，犯错的原因可能是图片中的色彩和纹理与另一些带有"装了许多食品和饮料的冰箱"标签的图片有些许相似之处，但系统却不能像人类一样，认识到此标签仅适用于在内部装有各种东西的长方形大铁箱。

　　同样，无人驾驶汽车常常能正确识别它见到的事物，但有时却认不出来。比如特斯拉会几次三番地撞向停在路边的消防车。[80] 对电网进行控制或对公共健康进行监查的系统，若出现类似的盲点，其后果更加危险。

如何跨越 AI 鸿沟

　　若想跨越"AI 鸿沟"这个大坑向前走，我们需要做到三件事：搞清楚 AI 技术的利害关系；想明白当前的系统为什么解决不了问题；找到新策略。

工作机会、人身安全、社会结构，这些都与 AI 的发展息息相关。由此可见，老百姓和政府官员都迫切需要紧跟 AI 行业的最新进展，我们所有人都迫切需要了解怎样用批判的眼光去审视 AI。专业人士都知道，用统计学数据去糊弄普罗大众是再简单不过的事情。[81] 同样，我们也要具备将 AI 宣传与 AI 实情区分开的能力，搞清楚目前的 AI 能做到哪些事情，不能做到哪些事情。

关键在于，AI 并非魔法，而是一套工程技术和算法，其中每一种技术和算法都存在自身的强项和弱点，适用于解决某些问题，但不能用于解决其他问题。[82] 我们写作此书的主要原因之一，就是因为如今铺天盖地的 AI 相关报道，都让人感觉如同白日做梦，单纯以人们对 AI 凭空幻想出来的期待和信心为依据，却与当下的实际技术能力没有半点关联。关于实现通用人工智能的难度有多大这个现实问题，在很大程度上来看，从公众围绕 AI 展开的讨论中根本找不到一点点理解的蛛丝马迹。

还是要明确一点：虽然澄清上述所有问题，需要拿出批判的态度来，但我们对 AI 全无半点憎恶，而是心怀热爱。我们的整个职业生涯都沉浸其中，真心希望看到 AI 能以最快的速度向前发展。休伯特·德雷福斯（Hubert Dreyfus）曾撰写过一本著作，主题就是他认为 AI 永远无法做到的事情，而我们这本书与此不同。[83]《如何创造可信的 AI》这本书，一部分是讲 AI 现阶段无法做到的事情，这种能力的局限性有何意义，还有一部分是讲我们应该怎么做才能帮助苦苦挣扎的整个 AI 行业重新振作起来。我们不希望 AI 从世界上消失，我们希望见证 AI 的成长，而且希望 AI 能突飞猛进地成长，这样人们才能实实在在地依靠 AI 来解决问题。

关于 AI 的现状，我们要道出一些逆耳忠言。但我们的批评意见是出于一片苦心，希望 AI 能往好的方向发展，而不是呼吁人们放弃对 AI 的追求。简而言之，我们坚信，AI 能掀起波及整个世界的重大变革，但在 AI 取得真正的进步之前，许多基本假设也需要改变。《如何创造可信的 AI》并不是要唱衰整个行业（虽然一些人可能会从这个角度加以理解），而是对停滞不前的原因进行诊断，并为我们怎样才能做得更好给出处方。

我们认为，AI 前行的最佳方向，是要在人类心智的内在结构中去寻找线索。真正拥有智慧的机器，不必是人类的完美复制品，但任何一个用坦诚眼光审视 AI 的人都会认为，AI 依然有许多需要向人类学习的地方，尤其要向小孩子学习。小孩子在许多方面都远远将机器甩在后面，因为小孩子天生就有吸收并理解新概念的能力。专业人士总是长篇大论地讲述计算机在某方面拥有"超人类"能力，但人类的大脑依然在 5 个基本方面令计算机望尘莫及：我们能理解语言，我们能理解周遭世界，我们能灵活适应新环境，我们能快速学习新事物（即使没有大量数据），而且我们还能在不完整甚至自相矛盾的信息面前进行推理。在所有这些方面，目前的 AI 系统都还只是站在起跑线上原地踏步。我们还将指出，目前对于制造"白板"机器的痴迷是一个严重的错误。这些机器从零开始学习一切，完全依靠数据而非知识驱动。

如果我们希望机器能做到同样的事情，去推理、去理解语言、去理解周遭世界、去有效学习、以与人类相媲美的灵活性去适应新环境，我们就首先需要搞明白人类是如何做到这些的，搞明白我们人类的大脑究竟想要做什么（提示：不是深度学习擅长的那种对相关性的搜寻）。也许只有这样，面对挑战迎头直上，我们才能获得 AI 迫切需要的重启契机，打造出深度、可靠、值得信任的 AI 系统。

用不了多久，AI 就会像电力一样普及到千家万户。此时此刻，没有什么比修正 AI 的前行方向更为紧迫的任务了。

第 2 章 | 当下 AI 的 9 个
风险

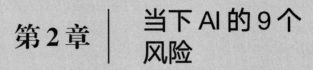

Rebooting AI:
Building Artificial
Intelligence We
Can Trust

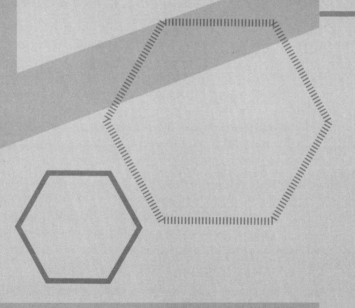

如果我们盲目相信大数据，很多地方都会出问题。[1]

数据科学家，凯西·奥尼尔，TED 演讲，2017 年

2016 年 3 月 23 日，微软怀着激动的心情，发布了名为 Tay 的全新聊天机器人。Tay 和最初那个名为伊丽莎的聊天机器人一样，并未事先人工预置好全部内容，而是在与用户互动中不断学习，逐渐发展。之前微软曾发布过一款名为"小冰"①的中文聊天机器人，在中国取得了巨大成功。[2] 由此，微软在 Tay 上也倾注了很高的期望。

一天时间不到，此项目就被匆匆叫停。[3] 一群心怀不轨的用户，蓄意让 Tay 去学习那些有关种族歧视、性别歧视和反犹太主义的愤怒话语。无辜的 Tay 有样学样，发了不堪入目的推文。

互联网的其他地方也存在着各种大大小小的问题。亚马逊的语言助手

---

① 由小冰创作的诗集《阳光失了玻璃窗》中文简体字版已由湛庐文化引进，由北京联合出版公司于 2017 年出版。——编者注

Alexa 会毫无征兆地突然嘿嘿笑一阵，让用户毛骨悚然。[4] iPhone 的面部识别系统会将母亲和儿子搞混。[5] 还有"一坨狗屎引发的血案"——当扫地机器人路过一坨狗屎，就会变身粉刷匠，蘸着这坨"颜料"在你家地板所有能经过和进出的地方画出一幅杰克逊·波洛克（Jackson Pollock）风格的线条抽象画。[6]

更严重的问题还有：仇恨言论检测系统被轻易愚弄；[7] 招聘系统对偏见进行固化；[8] 以 AI 工具驱动的网络浏览器和推荐引擎会落入别有用心的人手中，向大众推送荒诞不经的阴谋论文章。[9] 交警使用的人脸识别系统给一位无辜的著名企业家发了一张乱穿马路的违章罚单，只因为系统看到了驶经此处的公交车上贴着她的大幅照片。[10] 系统并没有意识到，公交车上贴着的比脸盆还大的一张脸，与这位企业家本人并不是一回事。在"召唤"模式下的一辆特斯拉，从车库往外倒车时发生了撞车事故。[11] 除草机器人不止一次将草丛中的刺猬弄伤甚至残杀。[12] 我们现在拥有的 AI 根本不值得信任。虽然常常能将事情做对，但我们永远也不知道这些 AI 什么时候会出其不意地犯个荒谬甚至危险的错误，留我们独自在原地瞠目结舌。

我们将越多的权力交给 AI，就越要提高警戒。有些小毛病无关痛痒，比如 Alexa 突然发出诡异的笑声，或者像本书作者那样，半夜突然被 Alexa 毫无缘由地叫醒。比如 iPhone 的自动修正功能，将"Happy Birthday, dear Theodore"（生日快乐，亲爱的西奥多）改成"Happy Birthday, dead Theodore"（生日快乐，死去的西奥多）。但其他一些问题，比如推送虚假新闻的算法，或针对招聘候选人的偏见，都可能酿成严重的后果。AI Now 研究所的一份报告，将 AI 系统存在的许多问题详细列举出来，涉及医疗保险补助资格、坐牢期限判决、教师绩效测评等诸多领域。[13] 华尔街的 AI 曾引发过股市的闪电暴跌。[14] AI 还存在令人恐惧的隐私侵犯，在一个案例中，Alexa 曾录制了一段对话，不经意地将这段对话发给了主人联系人列表中随机选定的某人。[15] AI 还酿成了多起交通事故，甚至伤及人命。[16] 电网若是发生一场由 AI 引发的大规模故障，我们一点儿都不会觉得奇怪。如果这样一场故障发生在酷暑时节或严冬时分，会夺去许多人的生命。

机器人有暴力倾向吗

并不是说我们应该时刻保持警醒，茶不思饭不想地准备迎接一个人类与机器人水火不容的科幻世界。至少在我们可预见的未来，这样的状况不会发生。机器人尚不具备行走于世界所需的智慧或灵巧性，只能在经过精心控制的环境中发挥作用。由于机器人的认知能力太窄太局限，因此我们对其进行控制的手段不胜枚举。

更重要的是，我们根本没有理由认为机器人会以科幻小说的风格发动针对人类的起义。在 AI 的 60 年发展过程中，我们根本没有从 AI 身上觉察到一丝一毫的恶意。对人类所关注的领地、财产、胜者为王的权力，或是人类历史上曾被争夺过的任何资源或利益，AI 都表现得毫无半点兴趣。AI 没有满腔的雄性激素，没有征服全世界的狂傲欲望。AI 充其量不过是井底之蛙般的书呆子和白痴专家，只专注于其所在的一个小圈子，根本意识不到井外还有一个更大的世界。

以围棋为例。围棋的本质，就是争夺领地。会下围棋的 AI，基本就是现如今征服世界能力最强的 AI 了。在 20 世纪 70 年代，计算机围棋程序水平很低，稍有水平的人类玩家就能轻而易举地将其打败。而当时的计算机，并没有表现出任何想要跟人类耍手段的迹象。而现在，围棋程序的技巧变得极其精湛，就连最优秀的人类玩家也不能望其项背。但计算机依然没有兴趣去征服人类领地，更没有兴趣将人类程序员关到动物园的笼子里。只要不是摆在棋盘上的东西，它们就不感兴趣。

关于"围棋棋盘之外是否还有其他有趣的事情"这样的问题，AlphaGo
根本不在乎，更不会在乎"我这帮人类主人让我整天下围棋，其他什么都不
让我做，这样公平吗"之类的问题。在棋盘之外，AlphaGo 没有生命，也没
有好奇心。它甚至都不知道围棋是用石子作为棋子来下的，也不知道棋盘之
外还有其他事物的存在。它不知道自己是台需要插电的计算机，也不知道对
手是需要吃饭的人类。它不记得自己在过去下过很多盘围棋，也预见不到自
己在未来将会下更多盘围棋。赢得一盘棋，它不会欣慰，输掉一盘棋，它没
有失落。在下围棋上取得了惊人的进展，它也不会骄傲。真实世界中，人们
奋勇前行的那股动力在机器身上根本不存在。若是实在想要为算法描绘出一
点人性化的意味（此处没什么道理可讲），你可以说，AlphaGo 非常满足于
自己现在所做的事情，对其他事情完全没有任何欲望。

针对医疗诊断、广告推荐、导航或任何其他领域的 AI，我们都可以借
用上面这段逻辑。至少在目前的应用场景中，机器只会去做程序中指定的工
作，除此之外别无其他。只要我们能保持这样的状态，就用不着杞人忧天地
担心科幻小说中想象出来的情景。

正如史蒂芬·平克（Steven Pinker）[①] 所写：

> "拥有超级智慧的机器人令人类沦为奴隶"的想法，就如同"因
> 为飞机比老鹰飞得更高更远，所以有朝一日飞机会从天而降抓走牛羊"
> 的想法一样荒诞不经。此谬误将智慧与动机混为一谈。所谓动机，是
> 带有欲望的信仰、带有目标的推断、带有希冀的思考。就算我们真的
> 发明出超人类的智慧机器人，它们为什么会想要让主人沦为奴隶，继

---

① 史蒂芬·平克是著名的心理学家，其著作《当下的启蒙》中文简体字版已由湛庐文化引进，
由浙江人民出版社于 2018 年出版。——编者注

而征服世界？智慧，是利用新颖的方法达到目标的能力。但目标与智慧之间是没有直接联系的：聪明并不等同于有欲望。[17]

若要征服世界，机器人首先要有这样一个欲望，要有力争上游、野心勃勃、永不知足的性格，还要有暴力倾向。至今为止，我们所见的机器人都沾不上边。从现在看来，我们也没有理由去打造一款带有情绪状态的机器人，而且就算我们想为机器人赋予情绪，也不知道从何下手。人类可能会利用诸如欲求不满等情绪作为奋发努力的工具，但机器人不需要任何此类工具，也能准时准点地开工干活。机器人只会去做人们让它们做的事情。

我们毫不怀疑，有朝一日机器人一定会拥有足够强大的体力和智力，强大到完全能与人类抗衡。但至少在可以预见的未来，我们找不到任何机器人想要造反的理由。

机器也会犯错

但是，我们并不能高枕无忧，AI 无须"想要"摧毁我们，也能酿成灾难。短期来看，我们更需要担心的，是机器是否真的有能力去"可靠"执行我们交托给它们的任务。

数字化助理若能可靠地帮我们制订日程安排，就会帮上大忙。但如果不小心让我们在一周之后才赶赴一场关键的会议，就是捅了大娄子。随着行业的发展，机器人管家是必然趋势，而这其中的利害关系则更为复杂。如果某个巨头设计出一款会做焦糖布丁的机器人，那么我们就要确保此机器人每一次执行任务都保证能成功，而不是前 9 次成功，第 10 次在厨房里酿成火灾。

截至目前，据我们所知，机器从来没有过帝国主义的野心抱负，但它们的确会犯错误。我们越是依赖于机器，它们犯下的错误就越是事关重大。

　　还有一个迄今为止尚未得到解决的问题，就是机器在面对人类的弦外之音甚至含混不清的表达时，必须能对人类意图进行准确推测。一方面，存在我们所称的"糊涂女佣"问题。[18]"糊涂女佣"是儿童绘本中描述的一位女佣，她只会听从主人指示字面上的意思。想象一下，如果你早上出门前跟清洁机器人说"将客厅的东西收到衣柜里"，结果回家一看，客厅里的每一样东西果然都被装进了衣柜里，而且为了能装进去，机器人还不遗余力地将电视、家具和地毯分拆成了小块。

将客厅的东西收到衣柜里

　　在护理有认知障碍或语言障碍的老年人时，问题就更大了。如果爷爷一时口误，让机器人将晚餐倒进垃圾堆里，而不是摆在餐桌上，那么一位优秀的机器人，就应该有能力确定这究竟是爷爷的真实心愿，还是一句糊涂话。总之，我们希望机器人和 AI 能认真对待我们的指令，但不要一味听从字面指令。[19]

当下 AI 的 9 个风险

　　当然，所有的技术都会出错，就连人们最熟悉的古老技术也会出问题。就在我们着手撰写本书的前不久，迈阿密的一处人行天桥在刚刚安装好 5 天之后便突然坍塌，夺去了 6 个人的生命。[20] 而人们在桥梁建设方面已经积累了 3000 多年的经验，公元前 1300 年迈锡尼文明时期搭建的雅卡蒂克拱桥，如今依然没有倒塌。

　　我们并不指望 AI 从出生之日起便完美无瑕，在一些情况下，我们需要付出短期风险的代价，才能换来长期收益。如果在现如今的无人驾驶汽车开发阶段，有几个人不幸因车祸而去世，但最终能有成千上万的人因为无人驾驶汽车技术的发展而幸免于难，那么我们就值得去冒这个险。

　　尽管如此，在人工智能从根本上得到重构和改进之前，风险依然存在。这里有 9 个风险是我们最担心的。

　　第一个风险是第 1 章中讲过的基本超归因错误。AI 总是让我们误认为它拥有与人类相仿的智慧，而事实上根本没有。正如麻省理工学院社会科学家雪莉·特克尔（Sherry Turkle）① 所指出的那样，看起来满脸笑容的伴侣机器人，实际上并不是你的朋友。[21] 在这种误解的蒙蔽下，我们会不假思索地将太多的权力交到 AI 手中，并假设在某个场景中所取得的成功能确保另一个场景中 AI 的可靠性。关于这一点，我们已经讲过一个最突出的案例，就是无人驾驶汽车。通常情况下的良好性能，并不能保证所有情况下的安全性。再讲另一个相关案例：[22] 不久前，堪萨斯的一位警察截住一辆车，并用谷歌

---

①　雪莉·特克尔的著作《群体性孤独》中文简体字版已由湛庐文化引进，由浙江人民出版社于 2014 年出版。这本书是对互联网时代技术影响人际关系的反思之作。——编者注

翻译软件与不懂英文的司机交流，请他准许警察搜车。后来，法官发现，谷歌翻译的质量实在太差，司机根本就不知道警察想干什么，不能以此认定司机同意警察搜车。因此，法官判决警察违反了美国宪法第四修正案。在 AI 水平获得大幅提升之前，我们需要时刻保持警醒，不能将太多的信任交到 AI 手中。

第二个风险是鲁棒性的缺失。无人驾驶汽车需要有能力适应不常见的光线情况，不常见的天气情况，不常见的路面瓦砾，不常见的交通模式，人类做出的不常见动作和姿势，等等。同样，对于全权负责你日程安排的系统而言，鲁棒性也不可或缺。如果系统搞不清楚你从加州飞到波士顿需要多长时间，结果导致你出席会议的时间晚了 3 个小时，你就要吃不了兜着走了。显然，我们需要更好的人工智能方法。

第三个风险是，现代机器学习严重依赖于大量训练集的精准细节，如果将这样的系统应用于训练过的特定数据集之外的全新问题，就没法用了。在法律文件上经过训练的机器翻译系统，如果拿到医疗文献上去使用，效果就会非常差，反之亦然。[23] 只在本地成年人身上训练过的语音识别系统，听到其他口音就会出问题。[24]Tay 所使用的技术，若放在言论受到严格管控的社会中，还可以正常工作，但若拿到用户可以肆无忌惮地用污言秽语对系统进行愚弄的社会中，就会得出令人无法接受的结果。能以 99% 的准确率识别在白纸上打印出来的黑色数字的深度学习，一旦用来识别黑纸白字，就会瞬间失灵，只能识别出其中 34% 的数字。[25] 而且，夏威夷的停车标志还是蓝色的。[26] 斯坦福大学计算机科学家朱迪·霍夫曼（Judy Hoffman）发现，自动驾驶汽车的视觉系统如果是在某一座城市经过训练的，那么这辆车若开到另一座城市，其表现就会比在最初那座城市差很多，就连最基本的道路、交通标志和其他汽车都认不明白。[27]

第四个风险是，当需要更微妙的方法时，盲目地过分依赖于数据，还会导致过时的社会偏见长期存在。过去几年，此类问题层出不穷。2013 年，哈佛大学计算机科学家拉坦娅·斯威尼（Latanya Sweeney）发现，如果用谷歌搜索一个典型的黑人名字，比如"Jermaine"（杰梅因），就会一下子蹦出来许多关于逮捕记录信息查询的广告。而如果搜索一个白人常用名，比如"Geoffrey"（杰弗里），则不会看到这么多类似广告。[28] 2015 年，谷歌相册将一些非洲裔美国人误认为大猩猩。[29] 2016 年，有人发现，如果用谷歌搜索"得体的职场发型"图片，得到的结果几乎全是白人女性，而如果搜索"不得体的职场发型"，得到的结果几乎全是黑人女性。[30] 2018 年，当时还在麻省理工学院媒体实验室念研究生的乔伊·布兰维尼（Joy Buolamwini）发现，大量商用算法总会认错非洲裔美国女性的性别。[31] IBM 是第一家进行积极修正的公司，微软也很快采取了措施。[32-33] 但迄今为止，据我们所知，还没人找到针对此问题的通用解决方案。

即使到现在我们撰写本书之时，也能轻而易举地找到类似的例子。我们用 Google 图像搜索"母亲"，结果中绝大多数图片都是白人。从中我们可以看出从网络中收集数据的人为痕迹，也能感受到这样的结果对现实情况的明显误导。我们搜索"教授"，排名靠前的结果中，只有 10% 是女性。这个结果可能可以反映好莱坞对大学生活的描绘，但却与当下的现实并不吻合，因为大学里有近一半的教授是女性。[34] 亚马逊于 2014 年发布的以 AI 驱动的招聘系统，因为问题实在太多，最终于 2018 年被彻底停用。[35]

我们并不认为这些问题是无法解决的。随后我们将讨论到，AI 领域的范式转移能帮上大忙，但目前还没有通用的解决方案。

核心问题在于，目前的 AI 系统只会对输入数据进行模仿，而将社会价值和数据的本质及质量置之不顾。美国政府的统计数据显示，如今的大学教职员工中，只有 41% 是白人男性，但 Google 图像搜索却并不了解这一事实，只能将找到的所有图片放在一起，根本没有能力去思考数据的质量和代表性是否靠谱，其中隐含的价值观是否合理。教职员工的总体情况时刻处于变化中，但盲目的数据挖掘机却无法捕捉到这种变化，只能去强化历史，而无法反映出日新月异的现实情况。

当我们想到 AI 在医疗领域扮演的角色时，也会产生同样的担忧。举例来说，用来训练皮肤癌诊断项目的数据集，很可能侧重于白人患者，在用于有色人种的诊断时，就可能给出站不住脚的结论。[36] 自动驾驶汽车在识别深肤色行人时，其可靠性要比识别浅肤色行人低很多。[37] 这是人命关天的大事，而目前的系统却没有能力来修复这类偏见。

第五个风险是，当代 AI 对训练集的严重依赖，也会引发有害的回音室效应，系统最后是被自己之前产出的数据所训练的。举例来说，我们在第 4 章中将会讨论到，翻译程序是通过对"双语文本"进行学习来逐步发展出翻译能力的。双语文本就是彼此互为翻译的两种语言文本。可是，有些语言在网络上的很大一部分文本，实际上是机器翻译程序的作品，在某些情况下会占所有网络文件的 50%。[38] 由此，如果谷歌翻译在翻译过程中犯了个错误，这一错误就会出现在网络文件之中，而此文件又成了翻译软件学习时所使用的数据，进一步强化之前犯下的错误。

同样，许多系统依赖于众包工人来给图片打标签，但有时众包工人会利用 AI 驱动的机器人来做事。虽然 AI 研究界已经专门为此开发了测试技术，来检查工作成果是由人类完成还是由机器人完成，但整个过程已经演变为猫捉老鼠的对决，一方是 AI 研究人员，另一方是作弊获利的众包机器人，道高一尺魔高一丈，双方的实力都在螺旋式上升。结果，许多所谓的高质量人工标记数据，实际上都是机器自动生成的。[39]

第六个风险是，有些程序依赖于公众可任意操纵的数据。这些程序常常陷于被愚弄的境地。Tay 是其中一个典型案例。谷歌也时常被"谷歌炸弹"袭击，人们会创建出大量帖子和链接，想办法让某个特定说法的搜索出现他们觉得特别搞笑的结果。2018 年 7 月，人们成功让谷歌图片对"白痴"一词的搜索结果变成了特朗普的照片。[40] 当年晚些时候，当桑达尔·皮查伊在国会发表演讲时，这一搜索结果依然没有改变。16 年前，针对里克·桑托勒姆（Rick Santorum）还有过更加有伤风化的愚弄。[41] 而且，人们玩弄谷歌不光以搞笑为目的。有一整个"搜索引擎优化"产业，其存在就是为了操纵谷歌，在相关网络搜索中对特定客户给出高排名结果。

第七个风险是，之前已经存在的社会偏见再加上回音室效应，会进一步加剧社会偏见的程度。假设在历史上，某些城市的治安、刑事定罪和判决都对某个特定的少数族裔群体带有不公平的偏见。现在，该城市决定利用大数据程序为其治安和判决提供建议，而该程序是用历史数据来训练的，以逮捕记录和监禁时间来判断罪犯的危险程度。由此一来，程序会认为对社会构成危险的罪犯很大比例都来自少数族裔，并据此建议少数族裔比例较高的社区配备更多警力，而且少数族裔应该以更快的速度被逮捕，并判处更长时间的监禁。然后，该程序再去跑全新的数据，新数据会强化之前的判断，而程序也会带着更强的信心，给出同一类带有偏见的推荐。

正如《算法霸权》（*Weapons of Math Destruction*）作者凯西·奥尼尔（Cathy O'Neil）讲过的一样，就算编程过程中刻意避开种族或国籍等指标，还是会存在各种各样的"代理"，会被程序用来得出同样的结果。[42] 这些代理是与指标存在相关性的特征，包括居住社区、社交媒体联系网络、教育背景、工作经历、语言，甚至穿着偏好。而且，程序做出的决策是通过"算法"计算得出的，由此便天生自带客观性的光环，令政府官员、公司管理层和老百姓心甘情愿地买账。程序究竟是怎么算出这样一个结果的，没人知道。数据训练是保密的，程序是专有的，而决策过程是一个连程序设计者都无法解释的"黑箱"。于是，就算人们对其做出的决策再不满意，也无从下手，根本没办法去反驳和挑战。

从前，施乐公司曾想降低员工离职率，削减因此而产生的高额成本。于是，施乐用一个大数据程序去预测员工的在职时长。程序发现，一个具有极高预测性的变量是通勤距离。家住得远的员工会更快提出离职，这也在情理之中。但是，施乐的管理层意识到，如果不雇用家住得较远的员工，实际上就是对中低收入人群进行歧视，因为公司位于富人区。值得称道的是，施乐在招聘过程中删除了通勤距离这一指标。[43] 但若没有人类深度参与程序的监控，这类偏见无疑会继续野蛮生长。

第八个风险是，太容易落入错误目标的陷阱。DeepMind 研究员维多利亚·克拉克弗纳（Victoria Krakovna）收集到了几十桩这类案例。[44] 程序员鼓励踢足球的机器人以尽可能多的次数去触碰足球。[45] 于是，机器人便站在球旁边不停地快速抖动。此番景象和程序员的设想完全不是一码事。程序员想让机器人学会抓取某个特定物体，于是给它看抓取该物体的图片。看过之后，机器人决定将抓手放在自身镜头和物体之间，这样从镜头的角度看去，就好像已经抓住了物体一样。[46] 一个玩俄罗斯方块的程序崇尚无为，与其冒险输掉游戏，不如按下暂停，一直歇着。[47]

目标不符的问题还有更隐晦的表现形式。在机器学习发展的早期，一家乳品公司聘请一家机器学习公司打造一套能预测奶牛发情期的系统。[48] 程序的指定目标，是尽可能准确地生成"发情期／非发情期"的预测。系统得出的结果准确率高达 95%，令农场主非常欣慰。但随后当他们发现程序达到高准确率的"秘诀"后，就笑不出来了。奶牛在为期 20 天的周期中只有 1 天处于发情状态。基于这样的事实情况，程序对每一天都给出同样的预测

"非发情期"，这就使得程序在 20 天中有 19 天都是正确的。这样的 AI 要它何用？除非我们把事情掰开揉碎一一列出，否则 AI 系统给出的解决方案并不一定符合我们的初衷。

程序员鼓励机器人以尽可能多的次数去接触到足球，于是机器人
生成了站在足球边上不停快速抖动的策略。

　　第九个风险是，由于 AI 的潜在影响范围非常之广，即使在非常初级的状态下，也有可能被别有用心的人利用，对公众造成严重伤害。恶意跟踪者利用相对基础的 AI 技术，对受害人进行监控和操纵。[49] 垃圾邮件传播者多年来一直利用 AI 识别模糊的符号，绕开网站用来区分人类和机器的图片验证码。[50] 我们毫不怀疑，AI 很快就会在自动化武器系统中寻得立足之地，但我们衷心希望这样的技术会像化学武器一样被废止。[51] 正如纽约州立大学政治学家弗吉尼亚·尤班克斯（Virginia Eubanks）所言："在强有力的人权保护缺席的情况下，当某种极其高效的技术被用来针对受歧视的边缘群体时，就拥有了无比巨大的暴行潜力。"[52]

　　所有这些都不意味着人工智能无法做得更好，但只有像我们在本书中呼吁的那样，发生根本性的范式转变时才会如此。我们信心十足地认为，上述问题中有很多是可以解决的，但现有技术还没这个水平。现如今的 AI 被数据像奴隶一样驱赶，对程序员和系统设计师希望其遵从的道德价值观一无所知。但这并不意味着未来所有的 AI 也存在同样的问题。人类也会参考数据，但我们不会认为所有的父亲和女儿都是白人，不会认为要尽量多接触球的足球运动员就等同于站在足球边上不停抖动。如果人类能避免犯下这样的错误，机器也应该有这样的能力。

　　从原则上说，打造出一台能在雪天出行或遵从道德标准行事的实体设备，并非难于上青天的事情。但我们仅靠大数据，是达不到这样的目标的。

　　我们真正需要的是一条全新的思路，对我们的初衷——一个公平而安全的世界，给予更多、更细致的考量。现在我们看到的 AI，是只能逐一解决窄问题的 AI。面对需要去应对的核心问题，这些 AI 只能绕道走。在迫切需要大脑移植手术时，我们拿到的只是创可贴。

　　举几个关于创可贴的例子。乔伊·布兰维尼发现 AI 系统无法识别黑人女性的性别后，IBM 就拿了一个带有更多黑人女性图片的全新数据集来对系统进行训练。[53] 谷歌解决大猩猩问题的方法则截然相反，将大猩猩的图片从数据集中全部去除了。[54] 这两个解决方案都不具有普遍性，这不过是让盲目的数据分析得出正确结果的小伎俩，其背后隐藏的真正问题则无人过问。

　　的确，通过给特斯拉安装更精密的传感器、增加打了更准确标签的实例集，我们也能解决特斯拉在高速公路上撞向救援车辆的问题。但是，谁又知道下一次若是有辆拖车停在高速公路旁边，特斯拉会做出什么判断？再换成建筑车辆呢？谷歌能耍个小聪明，解决"母亲"的图片都是白人的问题，但若将搜索改成"祖母",同样的问题依然存在。

如果将思路局限于狭义 AI,用越来越大的数据集去解决问题,整个行业就会陷入永无休止的"打地鼠"大战,用短期数据补丁来解决特定问题,而不去真正应对那些令此类问题层出不穷的本质缺陷。

我们需要的,是从一开始就足够聪明、能规避这类错误的系统。

如今,几乎所有人都将希望寄托在深度学习上。下一章将具体讨论,为什么我们对深度学习的指望也无异于水中捞月。

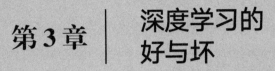

第 3 章 | 深度学习的好与坏

Rebooting AI: Building Artificial Intelligence We Can Trust

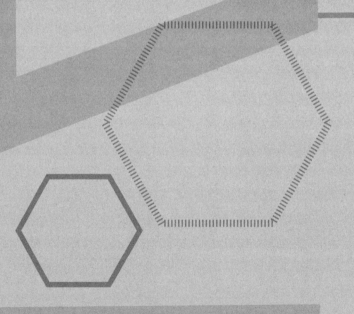

至于思想、实体、抽象和先验，我根本无法将这些概念输入他们的脑海。

作家，乔纳森·斯威夫特，《格列佛游记》

期望基本粒子遵循简单的普遍定律是一回事。对人类抱有同样的期望完全是另一回事。

物理学家，扎比内·霍森费尔德，《在数学中迷失》

　　现如今整个社会对 AI 的热烈追捧，很大一部分原因是基于一个简单的事实：在其他因素不变的情况下，你拥有的数据越多，效果就越好。如果你想要预测下一次选举的结果，但只能对 100 个人的意向进行调查，那么祝你好运。如果你能对 1000 个人进行访谈，那么预测的准确率就会高出许多。

　　但是，在 AI 早期，根本没有那么多数据，而且数据本身也没有那么高的重要性。许多研究都遵循"基于知识"的方法，这种方法有时叫作 GOFAI——老式 AI，或"经典 AI"。[1] 在 AI 中，研究人员会用手工编码的方式，输入人工智能执行特定任务所需的知识，之后再编写计算机程序，将这些知识应用于各种认知挑战之中，比如理解故事、为机器人制定计划或证明定理等。那时候并不存在大数据，而且这些系统从一开始就不会围着数据打转。

　　虽然从理论上讲，利用这种方法去打造实验室原型是可行的（需要投入大量的工作），但实际上则很难跨越实验原型的阶段。具有实际应用价值的经典 AI 系统数量很少。在为机器人规划路线和 GPS 导航等领域，这类技术仍被广泛应用。但总体来说，传统的以知识为中心的方法在很大程度上已经被机器学习所取代。[2] 机器学习尝试从数据中学习一切所需，而不再依赖于手工编程构建的知识以及相应的计算机程序。

机器学习的方法可以追溯到 20 世纪 50 年代。当时，弗兰克·罗森布拉特（Frank Rosenblatt）构建了一个"神经网络"①——这是最早的机器学习系统之一，设计目的是识别周围的物体，而不需要程序员提前预测出各种偶然事件。[3] 这一系统一经问世便引起巨大轰动，1958 年，经《纽约时报》报道后更是好评如潮。[4] 但由于自身的问题，获得的鲜花和掌声便很快就烟消云散。他的网络只能在 20 世纪 50 年代的硬件上工作，表现得动力不足。用今天的行话来讲，就是深度还不够（我们随后会对此说法进行详细阐释）。（他的相机像素也不够，20×20 是 400，比 iPhone X 低了 3 万多倍，因此拍出来的照片有着极强的像素感。）如今想来，罗森布拉特的思路是好的，但根据当时的实际情况打造出来的系统却做不了什么事情。

而硬件只是问题的一部分。事后看来，机器学习在很大程度上还要依赖于大量的数据，比如打了标签的图片等，但罗森布拉特能提供的数据太少。当时没有互联网，他根本无从获取数以百万计的例子。

尽管如此，在随后的几十年间，还是有很多人忠实跟随罗森布拉特的步伐。直到最近，他的接班人也还一直在努力奋斗。在大数据普及之前，AI 领

---

① 罗森布拉特的设备，以及本章随后将讲到的更为复杂的深度学习中所涉及的"神经网络"这个说法，反映出了这些设备中的组件与神经元（神经细胞）存在相似之处的观点。有些人因为所谓的生物学似真性而对这类系统很感兴趣。在我们看来，这种说法完全是一种误导。我们随后会讲到，深度学习根本不可能抓取到真实大脑的复杂性和多样性，而深度学习的组成部分也不具备实际神经元的复杂性。正如已故的弗朗西斯·克里克（Francis Crick）所言，称其与大脑相似无异于指鹿为马。[5]

域的普遍共识是，所谓的神经网络方法是没有希望成功的，与其他方法相比，神经网络系统的效果并不好。

直至 2010 年以后，大数据革命到来，神经网络这一技术也终于拨云见日。20 世纪 90 年代和 21 世纪初这段黎明前的黑暗中，当周围许多同事都转而选择其他方向时，杰弗里·欣顿、约书亚·本希奥（Yoshua Bengio）、杨立昆（Yann LeCun）和于尔根·施米德胡贝（Jürgen Schmidhuber）等人一直坚守神经网络的研究方向，终于，他们等到了机会。[6]

从某种角度来看，这几年最重要的突破并非来自神经网络数学研究领域的发展，该领域的绝大部分问题都在 20 世纪 80 年代解决掉了。最重要的进步源于计算机游戏的发展，更确切地说，是游戏带动了一种名为 GPU（图形处理器）的特殊硬件设备的发展，而神经网络界人士则将该设备改造成适合 AI 使用的版本。[7] GPU 最初是从 20 世纪 70 年代开始为视频游戏而开发的，从 21 世纪初开始被应用于神经网络。[8] 到了 2012 年，GPU 已经非常强大，在执行某些任务时比 CPU 这个为计算机所用的传统内核更加高效。2012 年，包括欣顿研究团队在内的一群人找到了利用强大的 GPU 去大幅提升神经网络效能的方法，并由此掀起了一场革命。[9]

突然之间，欣顿的团队开始在 AI 学术活动中频频创造新的纪录，其中最著名的就是在 ImageNet 数据库中识别图片。欣顿与其他人参与的一个全行业的 AI 竞赛，用了 ImageNet 的一个子集：1000 个类别的 140 万张图片。每个团队都用大约 125 万张图片来对系统进行训练，留出 15 万张图片做测试，让系统猜出这些测试图片的标签名称。在此之前，用过去的机器学习方法能得到 75％ 的准确率就是很好的结果了。而欣顿的团队利用深度神经网络拿到了 84％ 的准确率，其他团队很快又取得了更高的成绩。[10] 到了 2017 年，在深度学习的驱动下，准确率已高达 98％。[11]

这一新近取得的巨大成功，其关键就在于 GPU 能让欣顿等人利用比以往深得多的深度去"训练"神经网络，用行话讲就是拥有更多的分层（layer，与神经有些许相似的元素集合，我们随后会详细介绍），而在此之前是无法做到的。对深度网络进行"训练"，就是给网络提供一堆例子，并给这些例子打上正确的标签：这张图片是只狗，那张图片是只猫，以此类推。这便是所谓的监督学习（supervised learning）。对 GPU 的利用，意味着能以更快的速度去训练更多的分层，而效果也会更加优秀。

有了 GPU 和 ImageNet 图片库庞大储备的加持，深度学习在成功的道路上一路狂奔。不久之后，欣顿和几位研究生成立了一家公司，并将其拍卖。[12] 谷歌是出价最高的买家。两年之后谷歌又以 5 亿多美元的高价收购了一家名为 DeepMind 的创业公司。[13] 深度学习革命吹起了昂扬的号角。

人工智能 > 机器学习 > 深度学习

让机器通过统计学方法利用数据进行学习，有许多不同的思路。深度学习本身只不过是其中一种。

比如你开了一家网上书店，想要给顾客推荐产品。一个思路是手动选定你最看好的书籍。你可以将这些书放在首页上，就像实体书店将最受欢迎的书摆在书店大门口一样。但还有一个方法，是利用数据去学习人们的喜好，不仅仅是所有人的总体偏好，还包括以每位特定顾客之前的购买历史为参考而推测出来的现有购买倾向。你可能会注意到，喜欢《哈利·波特》的人很可能也会买《霍比特人》，喜欢托尔斯泰的人也会买陀思妥耶夫斯基。你的藏书量越大，顾客偏好的可能性类别就越多，你就越不可能亲自对每个人进行跟踪记录。于是，你编写了一个计算机程序来代为跟踪。

你所做的跟踪，就是统计学：一位购买 1 号书籍的顾客，同时购买 2 号书籍、3 号书籍等的概率是多少。搞定这个简单的概率问题之后，就可以对更加复杂的概率进行跟踪，比如同时购买《哈利·波特》和《霍比特人》但没有购买《星球大战》的人，会同时购买罗伯特·海因莱因（Robert Heinlein）科幻小说的概率是多少。以数据为依据进行推测，就是 AI 的一个分支学科——现如今焕发蓬勃生机的机器学习。

深度学习、机器学习和人工智能之间的关系，可以通过下面这张维恩图来形象描述。AI 包括机器学习，但同时也包括不通过学习手段而通过传统编程技术进行人工编码表示的算法或知识。机器学习包括所有让机器通过数据进行学习的方法；深度学习是其中最为人所熟知的方法，但并非唯一的方法。

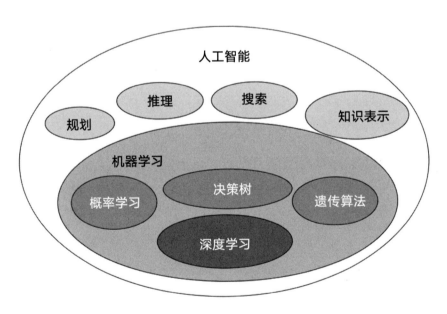

人工智能及其中一些分支学科

我们之所以在本书中重点讨论深度学习，是因为深度学习是目前 AI 领域中最受学术界和产业界关注、获得投资最多的一类。但是，深度学习依然并非唯一的方法，既非机器学习唯一的方法，更非 AI 唯一的方法。举例来说，机器学习的一种方法是建立决策树，基本就是像下面这种简单的数据分类规则组成的系统：

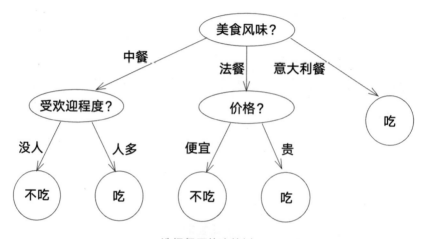

选择餐厅的决策树

机器学习还有一门技术是支持向量机（Support Vector Machine），将数据组织为复杂而抽象的超级立方体。21 世纪第一个 10 年间，支持向量机曾在机器学习界占据主宰地位，被人们用来计算从新闻标题到蛋白质结构等五花八门的各种东西。[14-15] 概率模型是对各种答案存在的可能性进行计算，并给出其认为可能性最大的一个。[16] 这种方法是 IBM 沃森取得成功的关键所在，很有可能会继续发挥影响力。[17]

还有一种方法称为遗传算法，是一种基于进化过程的模型。研究人员对不同的算法进行尝试，并制造某种形式的"突变"。适者生存①，生息繁衍。

———————————————
① 当然，所谓的"适者"，取决于系统设计者想要达到的特定目标，如果目标是成为视频游戏大师，那么游戏分数就是对适合度的衡量标准。

从设计无线电天线到玩视频游戏等各个应用领域，遗传算法都有用武之地，在某些领域还取得了与深度学习并驾齐驱的傲人成绩。[18-19] 诸如此类的算法还有很多，我们不在此一一列举。之所以将重点放在深度学习上，是因为深度学习在近几年占据了业界的主导地位。

但如果读者想要对各种不同类型的算法有更多了解，可以读一读佩德罗·多明戈斯（Pedro Domingos）的著作《终极算法》（The Master Algorithm）。[20] 我们和多明戈斯的观点一致，都认为每一种算法都有其价值所在，也认为这许多算法需合为一体而集大成；本书后面一部分将讨论，为什么对找到单一终极算法不抱乐观态度。许多问题，包括规划行驶路线和机器人运动等，利用的依然是经典 AI 手段，很少用到或根本不用机器学习。许多时候，像 Waze 所使用的交通路线算法这样的单一应用会同时包括经典 AI 和机器学习等多项技术。[21]

近年来，在大数据的推动下，机器学习迅速普及开来。IBM 的沃森依赖于巨大的数据库，利用经典 AI 技术和概率机器学习，打造出在 Jeopardy！节目中大获全胜的系统。[22] 城市利用机器学习技术对市政资源进行分配，汽车共享服务用机器学习对出行需求进行预测，警察局利用机器学习对犯罪行为进行预测。在商业领域，Facebook 利用机器学习来决定推送给你的新闻内容，并就此推测出你可能会点击的广告类型。谷歌利用机器学习进行视频推荐，广告投放，对你的语言进行理解，并试图从你的网络搜索中猜出你想要寻找的东西。亚马逊的网站利用机器学习进行商品推荐和搜索解读。亚马逊的 Alexa 设备利用机器学习来分析你的请求。诸如此类，不胜枚举。

上述产品没有一个是完美无缺的。我们随后会给出几个例子，即使是非常著名的商用搜索引擎，也会被最基本的用户请求搞糊涂。但是，能用上这些产品总比什么都不用要好一些，由此也体现出了这些产品的经济价值。没人能以整个互联网的规模来手写出一个搜索引擎，如果没有机器学习，谷歌根本就不会存在。亚马逊如果完全依赖于人工，其商品推荐会比现在逊色许多。我们能想到的最贴近的例子就是 Pandora。Pandora 的音乐推荐服务都是人类专家手动完成的，但这样做的结果就是只能服务于相对小得多的音乐库。而利用机器进行推荐的 Google Play 则拥有更加庞大的音乐库。

基于对拥有类似购买历史的其他人所购买产品进行的历史统计，而对个体用户进行个性化推荐的自动化广告推荐系统，并不一定非要达到完美的水准，就算偶尔犯个错误，也比在报纸上投放大幅广告的传统策略要精准得多。2017 年，谷歌和 Facebook 两家公司在广告投放上总共赚了800 多亿美元，而基于统计推断的机器学习，就是令这一切成为可能的核心引擎。[23]

什么是深度学习

深度学习基于两个基本思想。

第一个基本思想，叫作分层模式识别（hierarchical pattern recognition），部分源于 20 世纪 50 年代的一系列实验。[24] 以这些实验为基础，大卫·休伯尔（David Hubel）和托尔斯滕·维泽尔（Torsten Wiesel）获得了 1981年的诺贝尔生理学或医学奖。休伯尔和维泽尔发现，视觉系统中的不同神经元对视觉刺激有着截然不同的反应方式。有些神经元对非常简单的刺激，比如特定走向的线条，会产生积极反应，还有些神经元对更为复杂的刺激会产生较活跃的反应。他们提出的理论认为，针对复杂刺激的识别可能会通过一系列不断提高的抽象层级而实现，比如从线条到字母再到词汇。20 世纪 80 年代发生了一件 AI 史上的重要里程碑事件，日本神经网络先锋人物福岛邦彦（kunihiko Fukushima）将休伯尔和维泽尔的思想在计算机实践中"落地"，打造出了实实在在的"神经认知机"（Neocognitron），并证明神经认知机可以用于计算机视觉的某些方面。[25] 后来杰夫·霍金斯（Jeff Hawkins）和雷·库兹韦尔的著作也对同样的观点予以支持。[26]

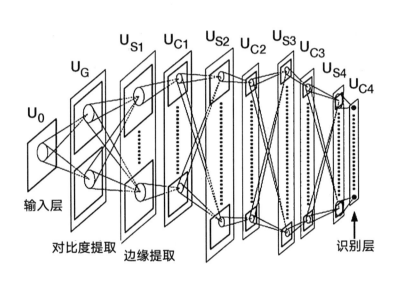

神经认知机，用于物体识别的神经网络

神经认知机由一系列分层组成，看起来就像上图中的长方形。上图中从左到右，首先是一个输入层。一个刺激进入输入层，而刺激本质上就是数字图像中的像素。随后的几层会对图像进行分析，寻找对比度、边缘等的变化，最终形成输出层，并识别出输入图像所属的类别。分层之间的连接使得所有相关处理过程可以有条不紊地进行。所有这些思想，包括输入层、输出层、内部层，以及分层之间的连接，是深度学习的主干。[27]

　　因为每个分层上所包含的"节点"，跟简化的神经元有那么一点点相似之处，这种类型的系统就叫作神经网络。节点之间的连接，被称为连接权值，简称权值。从节点 A 到节点 B 的连接权值越大，A 对 B 的影响就越强。神经网络就是关于这些权值的一个函数。

　　第二个基本思想是学习。举例来说，通过加强特定输入配置对应特定输出的权重，就能"训练"一个网络去学习将特定输入与相应输出联系在一起。假设你想让网络学习像素网格上不同字母的名称。一开始，系统根本不知道怎样的像素图形与哪个字母有关联。随着时间的推移，通过一系列试错和调整，系统会逐渐开始将网格上端的像素与诸如 T 和 E 这样的字母联系起来，将左边缘的像素与字母 E、F 和 H 联系起来，慢慢掌握不同位置上的像素与对应标签之间的相关性。在 20 世纪 50 年代，罗森布拉特已经从直觉上充分认识到这一思路的可行性，但他当时所用的网络太过简单和局限，只有一个输入层和一个输出层。如果你要执行的任务足够简单，比如给圆圈或方块分类，那么就可以利用一些相当直接的数学方法，确保你能一直调整权值，来"收敛出"（计算出）正确答案。但对于更为复杂的任务来说，仅有两个分层无法令分析过程那么直截了当，需要有能代表各类元素组合的中间层。在当时，没人能给出可行的解决方案，无法可靠地训练拥有多于两层的深度网络。那个年代的原生态神经网络，只有输入层（图像）和输出层（标签），两层中间空无一物。

　　马文·明斯基和西摩·佩珀特（Seymour Papert）在 1969 年出版的颇具影响力的著作《感知器》（*Perceptrons*）中，利用数学手段证明，仅有两层的简单网络无法抓取系统可能想要分类的许多内容①。[28] 他们认

---

① 从数学角度来看，在一个拥有无数可能输入的空间中，某一平面将空间一分为二，而双层网络能识别出落于该平面其中一端的特征。明斯基和佩珀特证明，图像重要的基本几何特征，比如该图像显示了一个物体还是两个独立的物体，是无法通过这种方式抓取的。

为，增加更多的分层会带来更强的能力，但同时也带来一个代价：无法确保一定能够将网络训练到满意的效果。他们带着些许的悲观情绪写道："我们的直觉判断是，向多层网络的拓展是徒劳的。"但他们并没有将话说死："也许会有人发现值得探索的收敛法则。"神经网络界本来就拿不出真正具有说服力的结果，在这种悲观情绪的渲染下，整个学科很快就没落了。仅仅解决简单的问题没什么意思，更没什么用处，而复杂问题似乎又应付不来。

但是，并不是每个人都会轻言放弃。正如明斯基和佩珀特所言，他们并没有在实际上证明深度网络全无用处，只是深度网络无法通过他们的数学方法来保证获得最优结果。从某个角度讲，明斯基和佩珀特的思想依然正确：直到今天，深度学习依然无法对其结果做出形式化的保证（除了在拥有无限数据和无限计算资源的不现实的情况下）；但事后想来，明斯基和佩珀特低估了深度网络在没有形式化保证的情况下可以发挥的作用。在随后的 20 年间，包括杰弗里·欣顿和戴维·鲁姆哈特（David Rumelhart）在内的几位学者独立发明了一些数学方法，令深度神经网络在缺乏对完美结论的形式化数学保证的情况下，获得了令人惊喜的卓越表现。[29]

人们常用登山来打比方。想象山脚下是针对问题给出的拙劣解决方案，系统的准确率很低，而山顶上是最佳解决方案，准确率很高。（与此相反的比喻叫作梯度下降，有时也会用到。）

欣顿等人发现，虽然多于两层的"更深的"网络无法保证得出完美结果，但可以打造出能获得足够优秀结果的系统，利用一门叫作反向传播算法的技术，择机沿正确的方向朝山顶小步前进。如今，反向传播算法[30]已成为深度学习中不可或缺的核心手段。^① 反向传播算法对在任一给定点上的最佳前进方向进行估测。虽然并不能保证会找到抵达山顶最高峰的路线，比如可能会卡在"局部最高值"上，也就是第二高峰上，甚至会卡在半山腰比周围地形高出一点的大石块上，但在实际应用中，该技术经常能给出足够优秀的结果。

另一个重要思想由杨立昆在 20 世纪 80 年代后期提出，如今仍然被广泛采用。这项技术叫作卷积（convolution）。[31] 卷积能构建起一系列的连接，无论某物体出现在图像的哪个位置，它依然能被系统识别出来。由此，卷积技术提升了物体识别系统的效率。

虽然从数学上看起来不错，但当时的实际结果却没有足够的说服力。从原则上讲，如果你能找到合适的权值集合（很大但尚处可控范围内），那么只要你有足够的数据、足够的耐心和大量的节点，三层或更多的分层就能让你解决一切问题。但实际上，这些还不够。因为你需要数量庞大到无法想象的节点，而当时的计算机不可能在合理的时间之内完成你需要的所有计算。

---

① 通俗点说，反向传播算法的关键思想，就是在复杂网络之中找到"责任认定"的方法。假设你想要训练一个神经网络，并为其提供了一系列带有标签的图片作为示例。一开始得出的结果并不好，因为（从标准思路来看）所有的权值最初都是随机的。随着时间的推移，你会将权值逐渐调整到符合给定问题的数值。在双层网络中，该怎么做显而易见：尝试用示例进行训练，看看哪些权值能帮你得出正确答案，哪些不能。如果网络中的某些节点连接对得出正确答案有帮助，那么你就对这些连接进行加强；如果在某些连接的基础上得出了错误答案，你就对其进行削弱。在双层网络中，很容易找到哪些权值对哪个答案有帮助。等有了深度网络，其中加进了一个或多个"隐藏分层"（之所以称其为隐藏，是因为这些分层并没有与输入层或输出层直接相连），对连接的正负向效果判断就没那么直截了当了。这里便是反向传播算法的用武之地。
反向传播算法对网络的期望输出和实际输出之间的差值（误差）进行计算，随后将关于误差的信息反向输入网络中的各个分层，沿路对权值进行调整，从而提升后续测试的表现。利用这样的数学方法，我们就有可能以相对可靠的方式对三层神经网络进行训练。

人们本能地感觉，更多的分层即"更深的网络"可能会有帮助。但谁也不敢肯定。直到 21 世纪初，硬件都没有能力完成这样的任务。若想训练一个典型的深度网络，需要花费几周甚至几个月的计算时间。[32] 你没办法像现在这样去尝试 100 个不同的替代方案，对其逐一梳理，找出最佳的一个。结果虽然让人看到了希望，但尚不具备与其他方法相抗衡的竞争力。

而就在此时，GPU 横空出世。最终催化出这场深度学习革命的除了一些重要的技术调整之外[①]，就是找到了高效利用 GPU 的办法，用更多的分层打造出更为复杂的模型。[33] 利用 4 层或更多，有时达到 100 多层训练网络的深度学习，终于成为现实。[34]

深度学习取得了真正令人瞩目的好成绩。以前，研究人员花费多年时间徒手设计巧妙的规则，就为了让系统能拥有物体识别的能力。现在，这份工作被深度学习所取代，只需几小时或几天的计算时间便能得出优异成果。深度学习还能让人们去迎接新的挑战，不仅仅是广告推荐，还有语音识别和物体识别。如果仅利用过去的机器学习技术，这些问题是永远无法充分解决的。

在一个接一个的基准测试中，深度学习都摘得了"最高水平"（截至目前的最佳结果）的桂冠。举例来说，《纽约时报杂志》在一篇长篇报道中称，深度学习已经极大地提升了谷歌翻译的水平。[35] 直到 2016 年以前，谷歌翻译都是利用经典机器学习技术，以两种语言中存在的数量巨大的对应关系为基础，凭借概率来打标签。而在 2014 年，一种更新的以神经网络为基础的方法问世，利用深度学习得出了具有明显优势的翻译结果。[36] 深度学习还在

---

① 其中，欣顿等人创造出了 dropout，用于处理过拟合问题。过拟合是指机器学习算法对训练数据中的特定示例进行学习，但没有发现这些示例中存在的普遍规律，就好像学习乘法的小学生只背下了课本中的例题，但完全不知道怎么做新题。dropout 会迫使系统进行泛化，而不仅仅是死记硬背。还有一个对计算部分进行加速的调整，将网络节点的输出与其输入进行了关联。

利用机器转录语音和给照片打标签等方面取得了重大进展。[37]

除此之外，在许多方面（虽然并非所有方面），深度学习在使用过程中都更加轻松简易。传统机器学习严重依赖于一种叫作"特征工程"的专业技能。举例来说，在视觉领域，知识丰富、技能高超的工程师会尝试在视觉图像中寻找诸如边缘、角落和斑点等共同特征，帮助机器去学习图像内容。2011 年时，合格的机器学习工程师一般都拥有针对给定问题找到正确输入特征的能力。[①]

从某种程度上说，深度学习已经引发了改变。在许多问题上（我们随后将会讲到，并非在所有问题上），深度学习可以在没有大量特征工程的情况下正常工作。在 ImageNet 竞赛中获胜的系统，并没有进行大量的特征工程，也学会了以最先进的水平对物体进行分类。系统通过图片中的像素和需要学习的标签，学到了它需要知道的全部内容。特征工程似乎不再是必备技能。用不着拿个视觉科学的博士学位，也照样能玩转机器学习。

而且人们还发现，深度学习拥有极高的通用性，不仅能用于物体识别和语音识别等问题，还能用在许多人们之前连想都不敢想的任务上。深度学习能用已故艺术大师的风格创造出合成艺术，比如将你的风景照片转换为凡·高风格，能给老照片上色，并在这些方面取得了巨大成功。[38·39] 深度学习与"生成对抗网络"（generative adversarial networks，简写为 GAN）相结合，可以被用来解决"无监督学习"中没有 teacher[②] 给示例打标签的问题。[40] 深度学习还可以被玩游戏的系统所利用，助其达到超人类的水平。

---

① 读者中那些拥有相关专业知识的高手会意识到，关于取代特征工程的传言多少有些言过其实。比如打造 Word2Vec 模型的苦活，也算在特征工程的范围之内，只不过与传统意义上的计算语言学领域的特征工程有所不同。

② teacher 是 GAN 中的一个角色名称。——译者注

DeepMind 最初取得的两大成绩———雅达利视频游戏和围棋，都用上了深度学习和强化学习融合而成的被称为"深度强化学习"的新技术。[41-42] 这门技术可以在大规模数据的基础上进行试错学习。（AlphaGo 还借鉴了其他一些技术，我们随后会进行讨论）。

有时，成功的喜悦会令人沉醉其中，不知身在何处。2016 年，当著名 AI 研究学者吴恩达（Andrew Ng）还在百度任职时，曾在《哈佛商业评论》发表文章称："如果普通人能在不到一秒的时间内完成某一项脑力工作，那么我们很可能可以在现在或不远的将来用 AI 将其自动化。"[43] 他在这里所指的，主要是深度学习所取得的成功。在那时看来，似乎一切皆有可能。

深度学习的三个核心问题

但是，我们依然始终持怀疑态度。尽管事实证明深度学习比之前的任何一门技术都要强大得多，但我们还是认为人们对其寄予了过高的期望。2012 年，马库斯以他十几年前对深度学习上一代技术进行的研究为基础，[44] 在《纽约客》上发表了一篇文章，文中写道：

> 从现实角度来看，深度学习只不过攻克了智能机器这一巨大挑战中的一小部分。深度学习这类技术缺乏表示因果关系（例如疾病及其症状之间的关系）的方法，很可能在面对"兄弟姐妹"或"与之相同"等抽象概念时遇到问题。深度学习无法进行逻辑推理，在抽象知识的理解方面也有很长一段路要走……[45]

几年之后，虽然深度学习在诸如语言识别、语言翻译和语音识别等领域取得了长足进展，但上述说法依然适用。深度学习依然不是放之四海而皆准的万能药，依然与我们在开放系统中需要的通用人工智能搭不上什么关系。

特别需要强调的是，深度学习面临三个核心问题，每一个问题既会影响到深度学习自身，也会影响到严重依赖于深度学习的其他流行技术，比如深度强化学习：[46]

第一，深度学习是贪婪的。为了将神经网络中的所有连接都调校准确，深度学习常常需要大量的数据。AlphaGo 要下 3000 万盘棋，才能达到超人类的水平，其所经历的棋局数量远远超过任何一个人终其一生所下的数量。[47]如果数据量减少，深度学习的表现水平也会急转直下。深度学习的专长，是利用成百上千万乃至数十亿个数据点，逐渐得出一套神经网络权值，抓取到数据示例之中的关系。如果只为深度学习提供少数几个示例，那么就几乎不可能得出鲁棒的结果。而相比之下，我们人类在学习过程中并不需要这么多的数据。你第一次拿到 3D 眼镜时，直接戴上就可以领会到 3D 眼镜的独特之处，而不用试戴 10 万次。深度学习从本质上是无法做到这样的快速学习的。

比吴恩达的期许更切合实际的观点，可能是"如果普通人能在不到一秒钟的时间内完成某一项脑力工作，而且我们能收集到大量直接相关的数据，那么我们就有机会争取用 AI 将其自动化，只要我们实际遇到的问题与训练数据别相差太远，而且该领域随时间发展别有太大的变化"。

围棋或国际象棋这样的竞技有着千年不变的规则，非常适合深度学习一展身手。但正如我们在本书前面讲到的一样，在许多真实世界问题面前，现实情况根本不允许我们获取足够多的适用数据。深度学习之所以搞不定语言和翻译，就是因为带有新意义的新句子层出不穷，每一句都和上一句存在些许不同之处。你所面对的现实世界问题与训练系统所使用的数据相差越大，系统的可靠性就越低。

第二，深度学习是不透明的。 相对而言，经典专家系统的规则比较容易搞明白，例如"如果某人的白细胞数量升高，说明此人很有可能发生了感染"；而神经网络由大量数值矩阵组合而成，其中任何一个矩阵都是普通人类从直觉上无法理解的。就算利用复杂的工具，专业人士也很难搞明白神经网络决策背后的原因。[48] 神经网络究竟为何能做到这许多事情，至今仍然是一个未解之谜。而人们也不知道神经网络在达不到既定目标时，问题究竟出在哪里。学习某一个特定任务的神经网络，可能在某些测试中能拿到 95％的准确率。但之后呢？我们很难找到那 5％的错误背后的真正原因，而且这些错误中还包括正常人类不可能犯下的巨大的错误，比如我们之前讲过的将冰箱和停车标志弄混的事件。如果这些错误影响重大，而我们又理解不了系统为什么犯错，那么问题就大了去了。

由于神经网络无法对其给出的答案（无论正确与否[①]）进行人类能够理解的解释，问题就显得尤其尖锐。事实上，神经网络如同"黑箱"一般，不管做什么，你只能看到结果，很难搞懂里面究竟发生了怎样的过程。当我们对神经网络驱动的无人驾驶汽车或家政机器人寄予厚望时，这就是个非常严重的问题。如果我们想要将深度学习用于更大型的系统之中，也有很大的问题，因为无法准确判断识别系统运行状态参量（这是工程师的行话，用来描述系统运行是否正常和有效）。处方药的说明书会带有许多信息，比如哪些可能存在的副作用会有危险，哪些副作用仅仅会造成身体不适；但向公安部门推销基于深度学习的人脸识别系统的销售人员，根本无法事先告诉客户系统什么时候能正常运转，什么时候不能。也许随后会发现，该系统在晴天的环境下对白种人的识别效果非常好，但在光线不足的情况下识别不出非洲裔

[①] 当然，如果系统是完美的，我们可以对其百分之百的信任，那么就无须深入了解其内部工作机制。但目前很少有哪个系统能达到完美的水平。

美国人。除非做实验，我们很难知道系统究竟会有怎样的表现。①

深度学习的不透明，还有另一个问题，就是深度学习与周遭世界的常识并不相符。若想要深度网络搞明白"苹果长在树上"，或是"苹果从树上掉下来的时候，会从上往下掉，而不是从下往上飞"，并不是件容易的事。如果只是要认出此物是苹果，那么深度学习完全可以派上用场。如果想让深度学习搞明白鲁布·戈德堡机械②中迂回曲折的结构，弄清楚小球是怎样沿坡道下滑，顺着斜槽滚落到升降机上，那就是不可能完成的任务了。

第三，深度学习是脆弱的。我们在第 1 章中讲到过，深度学习在某个场景中可能臻于完美，而在另一个场景中却大错特错。之前看到的错把交通标志认成冰箱的案例，并不是我们吹毛求疵找出来的唯一一次错误，而是个长期存在的问题，在第一次犯错之后的许多年中屡次出现。根据一项研究的数据，最先进的深度学习版本依然会面临类似的问题，犯错的概率在 7% 到 17% 之间。一个典型的例子是，某张照片中有两位面带微笑，拿着手机聊天的女性，二人后面的背景是焦距模糊的树木。其中一位女性面朝镜头，另一位的面部有一个角度，只能看到脸颊。机器学习面对这样一幅照片，给出了"一位女性坐在长椅上用手机交谈"的标题。[49] 系统忽略了面部没有直接朝向镜头的那位女性，还无中生有地创造出了一个长椅，很可能是因为从统计的角度看，在某些特定的打好标签的照片数据库

---

① 关于深度学习的不透明，近期曾有过一次论战。2017 年底 AI 顶级会议 NIPS 的 Test of Time 论文奖项获得者阿里·拉希米（Ali Rahimi），在发表获奖感言时说深度学习是炼金术，虽然有效果，但缺乏严谨、完整、可验证的知识，导致人们不敢将深度学习用于更重要的应用场景。这一说法随后也引发了杨立昆的强烈回应。——译者注

② 鲁布·戈德堡机械通过极为烦琐复杂的机械传动装置来实现一个最简单的功能，是一种趣味装置。——编者注

中，以树木为背景讲电话的人通常是坐在长椅上的。一个自动化安防机器人若犯下类似的错误，很可能循着同样的机制，根据训练数据集的偏向，将手机识别成手枪。

不幸的是，可用于愚弄深度网络的方法达数十种之多。麻省理工学院的研究团队就设计出了一只三维海龟，会被深度学习系统错认成来复枪。[50]

被深度学习系统错认成来复枪的海龟

将海龟放到水下环境也没能改变错误结果，而一般情况下，来复枪不会出现在水下。同样，该团队在一个棒球上涂了点肥皂泡，再将其放在棕色的棒球手套之中，就被错认成了一杯浓缩咖啡，而且从每一个角度来看都被认成咖啡，就算将球直接放在手套上方，也不能改变错误结果。

涂了肥皂泡的棒球被错认成浓缩咖啡

另一个团队在图片的小角落里不显眼的位置加上了一些随机小补丁，小猪存钱罐就被错认成了"虎斑猫"。[51]

还有一个团队将下图这样的带有迷幻风格图案的杯垫放到真实世界存在的物体旁边，便成功将深度学习愚弄，令其认为这样一幅画面中只有一个杯垫，而不是香蕉旁边放着一个图案扭曲的小杯垫。[52] 而如果你家年幼的孩子在这幅图片中看不出香蕉的存在，你一定会慌忙地带着娃去看神经科医生。

将深度学习系统愚弄的杯垫和香蕉

还有这个被蓄意篡改的停车标志，被深度学习系统错认为限速标志。[53]

深度学习系统将被更改的停车标志错认为限速标志

还有一个研究团队，将深度学习与人类在 12 个不同的任务上做对比。[54] 显示的图片被研究人员以几十种不同的方式进行了扭曲，比如将彩色图片转换成黑白，将某些颜色换成别的颜色，将图片旋转，等等。

结果，人类的表现比机器优秀很多。我们的视觉系统天然自带鲁棒性，而深度学习则相形见绌。另一项研究显示，深度学习很难认出那些呈现出不常见角度的普通物体，比如这辆翻了的校车，就被错认为雪耙。[55]

呈现出不常见角度的校车被错认为雪耙

到了语言领域，深度学习犯下的错误就更加稀奇古怪了。斯坦福大学计算机科学家罗宾·贾（Robin Jia）和珀西·梁（Percy Liang）针对第 1 章中提到的斯坦福问答数据库任务系统进行了研究。[56] 深度学习会尝试回答有关文本内容的问题。给出以下文本：

佩顿·曼宁（Peyton Manning）成为史上首位带领两只不同球队参加多次超级碗比赛的四分卫。他在 39 岁时参赛，成为超级碗历史上最年长的四分卫。之前的纪录由约翰·埃尔韦（John Elway）保持，他在 38 岁时带领野马队在第 33 届超级碗比赛中获胜。目前，他是丹佛市的橄榄球运营执行副总裁兼总经理。

问题：

第 33 届超级碗中 38 岁的四分卫叫什么名字？

一个深度学习正确地给出了"约翰·埃尔韦"的答案。到目前为止一切正常。但是，贾和梁在同样一段话后面额外加上了一句与此段内容毫不相关的信息："四分卫杰夫·迪恩（Jeff Dean）在第 34 届冠军碗中的球衣号码是 17 号。"之后再向系统提出关于超级碗的同样一个问题，系统就彻底被搞糊涂了，给出了杰夫·迪恩作为答案，而非约翰·埃尔韦。系统将关于两场不同的冠军赛的两个句子混为一谈，完全没有表现出对任何一句的真正理解。

还有一项研究发现，用说了一半的问题去愚弄回答问题的系统，简直轻而易举。[57] 深度学习依赖于相关性，而非真正的理解。这就使得系统很容易在问题还没说完的时候给出随意猜测的答案。举例来说，如果你问系统"有多少"，就能得到答案"2"；如果你问"什么运动"，就能得到答案"网球"。就这样和系统互动一段时间，你就能感觉到自己面对的是一堆精心制作的小伎俩，而非真实的智能。

同样的问题放到机器翻译中，就会出现更不可思议的情况。如果在谷歌翻译中输入"dog dog dog dog dog dog dog dog dog dog dog dog dog dog dog dog dog dog"，要求从约鲁巴语（或其他一些语言）翻译成英文，便会得到以下翻译：[58]

世界末日时钟是差三分十二点。我们正在经历世界上角色的戏剧性发展，这表明我们越来越接近末日和耶稣的回归。

归根结底，深度学习并没有那么深刻。[59] 很重要的一点，就是要认识到，深度学习这个说法中的"深度"二字，指的是神经网络中分层的数量，除此之外别无其他。在这里，深度并不意味着系统能领会其所见数据中的丰富概念。举例来说，最近一家 AI 创业公司 Vicarious 用新颖的方法证实，驱动 DeepMind 雅达利游戏系统的深度强化学习算法能玩数百万盘《打砖块》游戏，但依然不知道"挡板"究竟为何物。[60] 在《打砖块》游戏里，玩家将挡板沿水平方向来回移动。如果将游戏稍加调整，将挡板向砖块方向移动几个像素——这根本不会影响到人类玩家的发挥，而 DeepMind 的整个系统就会瞬间崩溃。伯克利的一个团队也证明在《太空侵略者》游戏中存在类似的情况，稍微加进一些噪音，就会令系统的表现急转直下。从中我们可以看出，所谓的学会玩游戏是多么肤浅的表象。[61]

业内一些人士似乎终于认识到了这些问题。蒙特利尔大学教授约书亚·本希奥是深度学习领域的先锋人物之一，他最近也公开表明态度，认为"深度神经网络倾向于学习数据集的表面性统计规律，而不学习更高层次的抽象概念"。[62] 在 2018 年末的一次采访中，杰弗里·欣顿和 DeepMind 创始人杰米斯·哈萨比斯（Demis Hassabis）也提出类似的看法，认为通用人工智能距离现实还有很长的路要走。[63]

最后，我们面前就会出现一个"长尾"问题，其中有一些常见案例非常简单易学，有大量的数据进行支持，但同时，还有许多比较少见的案例，也就是长尾，其学习难度很高。[64] 如果让深度学习告诉你一张图片上画的是一群小孩在玩飞盘，这很容易，因为我们已经有许多打好标签的示例供系统学习。而若想让系统告诉你下面这张图片中有哪些不寻常的地方，难度就要大得多。

常见的物体呈现出不常见的姿势

狗、猫、玩具马和马车，都是随处可见的事物，但是上面这样的元素组合却并不常见，深度学习根本不知道如何处理。

深度学习是一个"美好"的悲剧

那么，既然存在这么多问题，为什么还有那么多人对深度学习狂热追捧呢？因为深度学习在处理大规模数据集的统计近似问题时非常有效，而且还有着优雅简洁的风格——一个简单的公式就可以解决非常多的问题。同时，深度学习有着很高的商业价值。然而回过头来看，其中的欠缺也是显而易见的。

从深度学习大受欢迎的事实，我们能领会到第 1 章中提到过的虚幻的进步。在某些任务上，深度学习能获得成功，但这并不意味着深度学习的行为背后存在一个真正的智能。

　　深度学习是与人类思想有着天壤之别的怪兽。在最佳情况下，深度学习可以成为拥有神奇感知能力的白痴天才，但几乎不具备综合理解能力。我们很容易找到能给照片打标签的深度学习，谷歌、微软、亚马逊和 IBM 都提供拥有这种能力的商业系统，而且谷歌的神经网络软件库 TensorFlow 还为计算机科学系的学生提供免费的使用机会。若想找到语音识别的深度学习系统也很容易，市场上随处可见。但是，语音识别和物体识别并不能与智能同日而语，充其量不过是智能的片段而已。若想获得真正的智能，你还需要推理能力、语言能力和类比能力，而上述能力中，没有一个是当前技术所能掌握的。我们还没有能读懂法律合同的可靠的 AI 系统，因为系统本身的模式分类能力并不足以完成这项任务。若想搞懂一份法律合同，你需要有能力去推理文件中说了什么，没有说什么，其中各个条款与先前颁布的法律法规有何关联。深度学习根本做不到这些，就连为奈飞（Netflix）上的老电影生成一份靠谱的内容介绍都做不到。

　　认知领域的一个小角落——信息感知，可谓是深度学习最擅长的招牌应用领域，但即使在这里，进展也受到了局限。深度学习能识别物体，但不能理解物体之间的关系，而且非常容易被愚弄。在语言理解和日常推理等其他领域，深度学习远远落在了人类的后面。

　　大众媒体上对深度学习的描述和吹捧会令人产生一种误解，总觉得在上述其中一个领域取得了进步，就相当于整个行业中的所有领域都跟着共同进步。举例来说，《麻省理工科技评论》（*MIT Technology Review*）将深度学习列为 2013 年度重大突破技术之一，并做出如下总结：

　　　在强大计算能力的加持下，现如今的机器不仅能识别物体，还能进行实时语言翻译。人工智能终于越来越聪明了。[65]

上述逻辑存在缺陷。仅仅因为你认出了一个音节或一只边境牧羊犬，并不能说明你变聪明了。并非所有关于认知的问题都是相同的。把认知领域中的一方面取得的成功，盲目向外延展成为在整个认知领域的成功，相当于放任我们自己无视现实，而沉迷于幻想之中的进步。

最后，我们想说，深度学习是一个"美好"的悲剧。之所以美好，是因为在适当的场景下，不需要许多人工参与也能得到有成效的结果，无须花大量时间去做特征工程这样的麻烦事，可以任由机器来处理绝大部分任务。之所以悲剧，是因为无法保证现实世界中的系统能在你迫切需要时为你提供正确答案，更不能保证在系统无法给出正确答案时，你能想出办法找到问题所在，继而排除故障。从某种角度来看，深度学习更像是一门艺术，而非科学。你可以用它来尝试着工作，如果你能提供足够的数据，那么结果可能还不错。但你无法像证实几何定理那样，去事先证实深度学习用在某处究竟是成立还是不成立。而且也没有哪个理论能精准地预测深度学习能鲁棒地解决什么样的问题，不能解决什么样的问题。你只能从实证角度出发去亲自试一把。这样，你就能搞清楚系统在什么样的情况下能发挥作用，在什么样的情况下不能发挥作用，而且你还要不断调整自己的内部系统和数据集，一直到你能拿到自己想要的结果为止。这样的工作，有时轻而易举，有时难于登天。

深度学习是 AI 的一个非常有价值的工具。我们认为，深度学习还会继续在未来发挥重要而不可或缺的作用，而且人们还将继续发明出我们现在根本想象不出来的创意应用。但是，深度学习很可能只是一系列工具的其中之一，而不是独立的解决方案。

如今的现实情况，一言以蔽之，出现了一套特别有用的算法，引起万人瞩目，但这套算法距离真正的智能还有很长一段路要走。就好像有人发明了电动螺丝刀，整个社会便立刻觉得星际旅行指日可待。事实根本不是这么回事。我们需要螺丝刀，但我们还需要许多其他的东西。

这就是你的机器学习系统？兰道尔·门罗（Randall Munroe）

深度学习或许可以做一些表面看来有智能的事情，但我们的确认为，深度学习本身缺乏真实智能所具备的灵活性和适应性。《埃金航天器设计定律》（*Akin's Laws of Spacecraft Design*）中第 31 条定律如是说："爬上再高的大树，也无法抵达月球。"[1]

---

[1] 哲学家休伯特·德雷福斯（Hubert Dreyfus）在他的著作《计算机不能做什么》（*What Computers Can't Do*）中，对 AI 也用到了同样的比喻。

　　本书随后的章节中，我们将向读者介绍"抵达月球"所需的能力，也就是说，怎样才能让机器以普通人类的综合能力为标准，去思考、推理、讲话、阅读。我们需要的，不仅仅是"更深的"深度学习，不是在神经网络中加入更多的分层，而是"更深的理解能力"。瞬息万变的世界中，以因果关系相互联结的实体之间存在着复杂的互动，我们需要有能力真正对这种互动进行推理的系统。

　　现在，我们邀请读者一同深入到 AI 最具挑战性的两个领域——阅读和机器人，并从中挖掘出我们这条思路的内涵。

第4章 计算机若真有那么聪明，为什么还不会阅读

Rebooting AI:
Building Artificial
Intelligence We
Can Trust

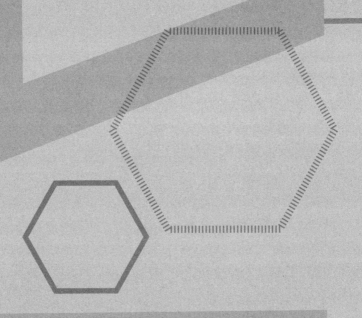

萨曼莎：我能帮你做什么？

西奥多：嗯，就是觉得一堆东西乱七八糟的，没别的。

萨曼莎：要不我帮你看看硬盘？

西奥多：嗯……好吧。

萨曼莎：好的，咱们先从电子邮件开始。你有几千封《洛杉矶周报》的邮件，但是你好像很多年前就不在那里工作了。

西奥多：嗯，是呀。我想，之所以留着那些邮件没删，是因为我觉得以前可能写过几句特别幽默的话。但是……

萨曼莎：是的，的确有些挺幽默的。我看大概有86封应该存下来的。我们可以把剩下这些邮件都删除掉。

编剧兼导演，斯派克·琼斯，《她》，2013 年

　　如果机器都能像科幻电影《她》中由斯嘉丽·约翰逊配音的"操作系统"萨曼莎理解西奥多那样理解我们，那该有多好。如果机器能在眨眼间整理好我们所有的电子邮件，选出我们需要的那些，将剩余的清除干净，那该有多好。

　　如果我们能赋予计算机一个它们不具备的能力，那么首当其冲的就该是理解语言的能力。因为语言理解不仅能让计算机帮助我们安排日常的生活和工作，而且还能帮助人类去直面那些最大的挑战，比如对大量的科学文献进行精炼和总结。无论是谁，仅凭自己的力量，都不可能紧跟科学界的发展速度。

　　举例来说，在医学领域，每天都有数千篇论文发表于世。没有哪个医生或研究人员能将这些论文都读一个遍。读不到这些论文，就无法将最新理论应用于实践，拖了进步的后腿。药物研发之所以进展缓慢，一部分原因就在于许多信息都封锁在那些没人能抽出时间阅读的文献中。有时，全新的治疗手段无法得到应用，是因为医生没时间去阅读相关内容，根本不知道有新手段的存在。如果有一个能对大量医学文献进行自动合成的 AI 程序，就会掀起一场真正的革命。

能像博士生一样从专业角度出发去阅读的计算机，再配备上谷歌强大的计算马力，同样会在科学界掀起一场革命。从数学到气候科学再到材料科学，我们会看到每个领域因此而发生的重大进展。而且，不仅科学能获得变革，历史学家和传记作者也能迅速找到关于某个非著名人物、地点和事件的所有文字记录。作家还能利用自动查询功能，去检索作品中情节的前后矛盾、逻辑缺陷和时代错误。

就连比上述功能简单得多的能力也能发挥巨大的帮助作用。现在 iPhone 有个功能，当你收到一封提到约见时间地点的电子邮件，你只要点击一下，iPhone 就能将此事加进日程安排之中。如果能在整个过程中不出错，那还真是非常方便。但很多时候，iPhone 做不到不出错，很可能加入日程的不是你所想的日子，而是邮件中提到的另外一个日子。如果你不能在 iPhone 犯错的时候及时发现，就只能自认倒霉。

等到机器真正可以阅读的那一天，我们的后人一定会猜想，当年的这帮人是如何在没有合成阅读器的情况下工作生活的，就像我们有时会猜想古人如何在没有电力的情况下工作生活一样。

Talk to Books 无法回答一切问题

2018 年初的 TED 大会上，现就职于谷歌的著名未来学家兼发明家雷·库兹韦尔将他新近推出的项目——谷歌"Talk to Books"公之于世，并承诺利用自然语言理解来"提供读书的全新方式"。[1] Quartz 网站照例将这个新产品捧上天,鼓吹"谷歌推出震惊世界的全新搜索工具,将能通过阅读成千上万的书籍来回答一切问题"。[2]

我们头脑中闪现的第一个问题,就是:"这个项目实际上是做什么的?"答案是,谷歌对 10 万本图书中的句子添加了索引,这些图书包罗万象,从《大学成长手册》(Thriving at College)到《编程入门傻瓜书》(Beginning Programming for Dummies)再到《托尔金的福音》(The Gospel According To Tolkien),什么都有。在此基础之上,谷歌还开发了一种对句子意义进行编码的高效手段,可以将其转化为被称作"向量"的数字集合。[3]当你提问时,程序会利用这些向量,在数据库中找到拥有最相近向量的 20 个句子。而系统本身并不知道你问的问题是什么意思。

只需对系统的输入有所了解,我们就能立刻明白,Quartz 网站文章中所称的 Talk to Books "将能回答一切问题"的说法,不能按字面意思去理解。10 万本书听起来很多,但只不过是迄今为止出版过的 1 亿本图书中的一个零头而已。在本书之前的内容中我们曾讲过,深度学习是靠相关性而非真实的理解来工作的。所以当我们看到 Talk to Books 给出的许多答案都不太靠谱时,也一点儿不觉得奇怪。如果你的问题是关于某部小说中的具体细节,那么你应该能得到一个比较可靠的答案。但是,当我们提问"哈利·波特和赫敏·格兰杰是在哪里相遇的",系统给出的 20 个答案中,没有一个是出自《哈利·波特与魔法石》,也没有一个答案是针对问题而给出的。[4]当我们问到"第一次世界大战后协约国继续对德国进行封锁的行为是否合理",系统给出的结果中,竟然没有一条提到封锁。Talk to Books 能回答"一切问题"的说法,也真是夸张得有点太过了。

而当答案不能从索引文本的句子中直接引用时,许多内容就会被忽略掉。当我们问到"《哈利·波特》中提到的七魂器是什么",我们根本得不到一个七魂器的列表,可能是因为在所有这些讨论哈利·波特的著作中,没有一本将七魂器同时列举出来。当我们提问"1980 年时,美国最高法院最年长的法官是谁",系统就彻底傻眼了。然而我们只需上网找到最高法院的法官列表,几分钟时间就能查询到答案是威廉·布伦南(William Brennan)。Talk to Books 在这里之所以遇到了挫折,就是因为所有书籍中都找不到一句能给出完整答案的话来。这 10 万本书中,没有一本书写过"1980 年最高法院最年长的法官是威廉·布伦南"这样一句话。就算有 10 万本书在手,系统也无法从海量的书面文字中进行提炼和推断。

而最能说明 Talk to Books 存在问题的是,只要对提问方式稍加改变,就会得到完全不同的答案。当我们问 Talk to Books "谁为了 30 块银钱背叛了自己的老师",虽然这是一段非常著名的故事中的一个众所周知的情节,但在系统给出的 20 个答案中,只有 6 个答案正确地提到了犹大。而如果我们没有用上"银钱"这个特定的说法,答案就会变得更加五花八门。当我们以不那么确切的方式向 Talk to Books 提问:"谁为了 30 个硬币背叛了自己的老师?"犹大只出现在 10% 的答案中。排名最靠前的答案,既与问题毫不关联,也不能提供任何信息:"不清楚静婉的老师是谁。"当我们再次对问题进行调整,将"背叛"改成"出卖",形成"谁为了 30 个硬币出卖了自己的老师",犹大的答案便从前 20 个结果中彻底消失了。

这个系统比较适合处理文本序列精确匹配的问题,一旦问题脱离了这个范畴,系统就会一筹莫展。

人是怎样阅读的

有朝一日,当梦想中的机器阅读系统成为现实,就将能够回答关于其读到内容的所有合理问题。机器将能够把多份文件的信息整合为一体，而且其答案不会仅仅是从原文中原封不动摘取的一段话，而是通过信息的合成来呈现。从未同时出现在一个段落之中的七魂器列表也好，律师从多个案件中收集判例的精炼概括也好，科学家通过多篇论文心得而总结出的理论也好，都不在话下。就连一年级小学生都能将系列绘本中的好人和坏人逐一列出。为了写学期论文，大学生能从多个出处搜集思想，并将这些思想整合为一体，进行交叉验证，并得出全新的结论。同样，拥有阅读能力的机器也应该能做到这一点。

机器需要具备信息合成能力，而非单纯的鹦鹉学舌。但在此之前，我们还需要达到一个更简单的目标：让机器能可靠地理解最基础的文本。

时至今日，就算社会上对 AI 的呼声再高，我们都还没有达到这个简单目标。若想弄明白为什么鲁棒的机器阅读能力目前依然遥不可及，我们首先要具体搞清楚理解相对简单的文本所需经过的步骤。

举例来说，假设你读到了下面这段文字。这段文字引自劳拉·英格斯·怀德（Laura Ingalls Wilder）创作的儿童读物《农庄男孩》（Farmer Boy）。阿曼佐是个 9 岁男孩。他在街上捡了个塞满了钱的钱包，当时还叫"钱袋子"。阿曼佐的父亲猜想，这个"钱袋子"可能是汤普森先生的。阿曼佐在城中的一个商店里找到了汤普森先生。[5]

> 阿曼佐转向汤普森先生，问道："你的钱袋子有没有丢？"
> 汤普森先生跳了起来。他用手拍了拍自己的口袋，大声喊着：
> "是的，我的钱袋子丢了！里面还有 1500 美元！我的钱袋子呢？你都知道些什么？"
> "是这个吗？"阿曼佐问道。

"是的，是的，就是这个！"汤普森先生说道，一把夺走钱袋子。他将钱袋子打开，匆匆忙忙地数钱。把所有的钞票全部清点了两遍。

之后他长长地舒了一口气，放松了下来，说道："嗯，看来这个傻孩子一分钱也没偷。"

一个优秀的阅读系统，应该有能力回答下列问题：

1. 汤普森先生为什么用手拍自己的口袋？
2. 在阿曼佐说话之前，汤普森先生是否知道自己丢了钱包？
3. 阿曼佐问"是这个吗"时，指的是何物？
4. 谁差点丢了 1500 美元？
5. 所有的钱是否还都在钱包里？

对于人类来说，所有这些问题都很简单。但迄今为止开发出来的所有 AI 系统中，无一能可靠地处理此种类型的问题。（想象一下 Talk to Books 会给出怎样的答案）。①

从本质来看，上述每一个问题都需要读者（无论是人类还是机器）去跟随一条推论链，而这些推论都隐藏在故事之中。以第 1 题为例。在阿曼佐说话之前，汤普森先生并不知道自己丢了钱包，以为钱包还在口袋里。当阿曼佐问他是不是丢了钱包，汤普森才意识到他真的可能丢了钱包。就是为了验证钱包丢了的可能性，汤普森才去拍自己的口袋。因为没有在平时放钱包

---

① 艾伦人工智能研究所有一个网站"ai2.org"，可以在那里对先进的模型进行这类测试。2018年 11 月 16 日，我们将阿曼佐的故事输入到当时网站上能找到的最先进的模型中，并提问：钱包里有多少钱？钱包里有什么？谁拥有这个钱袋子？谁找到了钱包？第 1 题和第 3 题答对了；第 2 题的答案有些不知所云（"数过了钱"）；最后一题彻底答错了（汤普森先生，而不是阿曼佐）。从这样不靠谱的结果中，我们能看出当下最高水平的技术究竟有多大本事。

的地方找到钱包，所以汤普森才意识到自己丢了钱包。

目前的 AI 完全没有能力对复杂推理链条进行处理。这类推理链条通常要求读者将大量关于人和物的背景信息整合在一起，需要对这个世界的基本运转规律有所把握，而目前的系统并不具备足够广泛的通用知识去做到这一点。

在你阅读这个阿曼佐与钱包的故事时，你很可能会无意识地用到许多相关知识，比如：

◎ 人们可能在不知情的情况下丢东西。这属于人的心智状态与事件之间关系的知识。

◎ 人们常常将钱包放在口袋里。这是有关于人们在通常情况下如何使用某物的例子。

◎ 人们经常在钱包里装钱。钱对人们来说很重要，因为人们可以用钱来买东西。这是有关于人、习俗和经济学知识的例子。

◎ 如果人们假设某些对他们很重要的事是事实，而他们又发现此事可能并非事实，就会很着急地去加以证实。这是关于对人在心理上极其重要的事情的知识。

◎ 你能通过从外部触摸一下口袋，来感觉到某物是不是在口袋里。这是有关于不同类型的知识如何结合为一体的例子，在这里，也是有关于不同的物体（手、口袋、钱包）彼此互动的知识与感官如何发挥作用的知识相结合的例子。

其他问题所需的推理和知识也同样丰富多样。若想回答第 3 题："阿曼佐问'这个是它吗'时，指的是何物？"读者必须要明白有关语言、人物和物体的相关知识，并从中领会出，"这个"和"它"的合理先行词可能是钱包，但更加微妙的是，"这个"指的是阿曼佐手里拿着的钱包，而"它"指的是汤普森先生丢的钱包。所幸，这两个钱包原来是同一个钱包。

哪怕是应对如此简单的段落，我们关于人物、物体和语言的知识都需要达到深刻、广泛和灵活的水平；[6] 如果环境稍有变化，我们就要去适应。我们不能指望汤普森先生在听到阿曼佐说找到了自家外婆的钱包时还能表现出同样的激动状态。从文中我们领会到，汤普森先生是在不知情的情况下丢了钱包，而如果他是在持刀歹徒实施抢劫的情况下，还不知道自己的钱包被拿走了，那我们就会觉得非常奇怪。至今尚无人能想出办法，让机器能以如此灵活的方式进行推理。我们并不认为这一目标不可能达成，随后我们会设计出向前发展所需迈出的几个步骤，但当下的现实问题就是，达到目标所需的能力远远超出了 AI 界的专业水平。Talk to Books 还差得太远，本书开篇提及的微软和阿里巴巴的阅读器也同样如此。

从根本上说，现在的机器所擅长的工作（将事物按不同的类别进行分类），与获取上述平凡但不可或缺的能力以及理解真实世界的能力之间，还对不上号。

怀德的这段文字并没有什么特别之处。我们平日阅读到的每一个段落，都存在类似的挑战。以下是引自 2017 年 4 月 25 日《纽约时报》的简短例子。

> 今天本应是埃拉·菲茨杰拉德（Ella Fitzgerald）的百岁寿辰。
> 洛伦·舍恩伯格（Loren Schoenberg）这位纽约客，在 1990 年时为"爵士乐第一夫人"做萨克斯伴奏。此时已接近她职业生涯的终点。他将她比喻成"一瓶陈年红酒"……[7]

无论是人还是机器，都可以回答从文字中能直接找到答案的问题，比如："洛伦·舍恩伯格演奏的是什么乐器？"但许多问题都需要在文字的基础上做一点点引申，而这点引申，就会让目前的 AI 系统望而却步。

1. 埃拉·菲茨杰拉德 1990 年时是否健在？

2. 1960 年时她是否健在？

3. 1860 年时她是否健在？

4. 洛伦·舍恩伯格和埃拉·菲茨杰拉德是否见过面？

5. 舍恩伯格是否认为菲茨杰拉德是一瓶酒精饮料？

他将她比喻成"一瓶陈年红酒"

若想回答第 1 题、第 2 题、第 3 题，就需要推理出埃拉·菲茨杰拉德生于 1917 年 4 月 25 日这个事实，因为 2017 年 4 月 25 日应该是她的百岁寿辰。在此基础之上，还要具备一些关于如下事实的知识：

◎ 人在职业生涯过程中是活着的，因此她在 1990 年时还健在。

◎ 人在出生之后、死亡之前，是一直活着的，而在出生之前、死亡之后，并不活在这个世界上。因此菲茨杰拉德在 1960 年肯定活着，而在 1860 年时还没出生。

回答第 4 题，需要能通过推理得知为某人的歌唱进行伴奏需要与其见面，并需要在文中没有直接表明的情况下，引申出埃拉·菲茨杰拉德是"爵士乐第一夫人"。

回答第 5 题，需要能通过推理得知人们在进行类比时头脑中有着怎样一幅画面，并知道埃拉·菲茨杰拉德是一个人，人不能变成饮料。

随手拿来一份报纸、一则故事、一篇小说，无论长短，你都能从里面找到类似的内容。技巧娴熟的作家并不会将每一件事都清楚无疑地向读者阐明，而是只将你需要知道的事情讲给你听，并依赖于人与人之间所共有的知识来填补其余的空缺。想象一下，如果怀德在故事中事无巨细地写下来人们将钱包放在口袋里，人们有时会通过用手摸口袋的方式来察觉小物件的存在与否，这个故事将会变得多么枯燥。

想当年，有一群 AI 研究人员曾尝试解决这些问题。现任谷歌研究总监的彼得·诺维格（Peter Norvig），当时曾写过一篇颇具争议的博士论文，主题就是如何应对让机器理解故事的挑战。[8] 更为知名的是罗杰·尚克（Roger Schank），当时还在耶鲁大学工作的他，提出了一系列颇具深度的案例，指出在客人走进餐厅时，机器可以利用"脚本"来理解当时发生的事情。[9] 但是，对故事的理解需要更加复杂的知识结构，以及比脚本要多得多的知识形式，而形成并收集所有这些知识所需的工程量巨大到令人无法下手。随着时间的推移，这条思路逐渐被搁置了下来，研究人员也开始转向更容易上手的领域，比如网络搜索和推荐引擎。谁也没能让我们距离通用人工智能更近一步。

搜索引擎和语音虚拟助手的困惑

尽管如此，网络搜索还是掀起了翻天覆地的变革。这是 AI 最为显赫的成功案例之一。谷歌、必应等，都是基于极为强大而且极富实效的工程力量，以 AI 为动力，在数十亿网络文件中以接近实时的速度找到匹配的结果。

令人惊讶的是，虽然这些工具都以 AI 为动力，但却几乎不涉及我们盼望的那种自动化合成机器阅读的能力。我们希望机器能理解它们读到的内容。而搜索引擎却做不到理解。

以谷歌搜索为例。谷歌算法中有两个基本思想，一个思想是自古有之，另一个思想是谷歌首先提出来的，但无论哪个思想都不需要系统拥有理解文件的能力。第一个古老思想，远在谷歌和互联网诞生之前，自从 20 世纪 60 年代早期就被用在文件检索程序之中。这一思想是将问题中的词与文件中的词进行匹配。想要搜索包括小豆蔻的菜谱吗？没问题，只要找到所有包含"菜谱"和"小豆蔻"这两个词的网站就可以了。根本无须理解小豆蔻是一种香料，无须搞明白这种香料闻起来是什么香味，吃起来是什么味道，也无须知道此种香料是如何从豆荚中提取而成，哪种风味的菜肴更倾向于使用这种香料。想要找到飞机模型指南吗？只要匹配上诸如"模型"、"飞机"和"如何"几个词，就能找到许多有用的链接，就算机器根本不知道飞机为何物也无所谓，更无须搞明白什么是升力，什么是阻力，无须理解你为什么一定要乘坐商业航空公司的航班，而不愿驾着一比一的飞机模型遨游天空。

第二个更富创新意识的思想就是著名的"网页排名"（PageRank）算

法。[10] 该思想认为，程序可以利用网络的集体智慧，通过查看哪些网页拥有更多外链（特别是来自其他高质量网页的链接）来判断网页质量的高下。这一思想令谷歌迅速崛起，将其他搜索引擎远远抛在了后面。但是，词汇匹配与文本理解之间并没有太大关系，计算源于其他网页的链接也与真正的理解有着天壤之别。

谷歌搜索之所以在没有任何复杂阅读能力的情况下也能取得非常好的效果，是因为搜索过程对精度的要求很低。搜索引擎无须进行深度阅读去分辨网络上关于总统权力的论述是偏左派还是右派，这是用户要去做的事情。谷歌搜索需要搞定的，就是判断给定文档是否与正确的通用主题有关。人们从文档中的只言片语就能大概搞清楚此文的主题。如果有"总统"和"行政特权"等词，用户很可能会因为找到了这个链接而欢欣雀跃；而如果是关于卡戴珊家族的，那么很可能不在用户的兴趣范围之内。如果文档中提到了"乔治""玛莎""约克镇战役"，谷歌搜索就能猜出来此文与乔治·华盛顿有关，虽然它对婚姻和革命战争一无所知。

其实，谷歌并不肤浅。有时，谷歌有能力对用户查询的问题进行理解，并给出整理好的答案，而不仅仅是一长串链接。这就与阅读能力更为接近，但只是接近了一点点，因为谷歌通常情况下只会阅读用户查询的问题，而不会阅读文件本身。如果你问："密西西比州的首府是哪里？"谷歌就会正确地对问题进行解析，并在预先设定的表格中找到答案：杰克逊城。[11] 如果你问："1.36 欧元等于多少卢比？"谷歌同样会给出正确的解析，在参考另一份汇率表格后，正确地计算出"1.36 欧元 = 110.14 印度卢比"。

绝大多数情况下，当谷歌反馈出这类答案时，基本都是可靠的（估计谷歌的系统只在其指标表明答案正确率很高时才会给出此类反馈），但距离完美还有很长一段路要走，而我们也能从它犯下的错误中，猜出它背后的工作原理。举例来说，2018 年 4 月，我们在谷歌搜索中提问："目前谁是最高法院的法官？"[12] 得到了一个并不完整的答案："约翰·罗伯茨（John Roberts）。"而罗伯茨只是九位法官中的一位。在答案后面，谷歌还在"人们也在搜索"部分给出了其他七位法官的名字：安东尼·肯尼迪（Anthony Kennedy）、塞缪尔·阿利托（Samuel Alito）、克拉伦斯·托马斯（Clarence Thomas）、斯蒂芬·布雷耶（Stephen Breyer）、鲁思·巴德·金斯伯格（Ruth Bader Ginsburg）和安东宁·斯卡利亚（Antonin Scalia）。上述所有人的确都曾就任于最高法院，但斯卡利亚已经故去，而斯卡利亚的继任者尼尔·戈萨奇（Neil Gorsuch）以及新近任命的埃琳娜·卡根（Elena Kagan）和索尼娅·索托马约尔（Sonia Sotomayor）都没有在这份名单中出现。看得出来，似乎谷歌完全忽略掉了"目前"这个词。

回到我们之前讲到的"合成"这个话题上，终极机器阅读系统将能够通过阅读谷歌新闻来编写问题的答案，并在发生变化时对清单进行调整，或者至少应该能通过参考用户会频繁更新的维基百科来提取出目前法官的名字。谷歌似乎不会这样做。根据我们的推测，谷歌只不过是查询了统计规律——阿利托和斯卡利亚在许多关于司法制度的搜索中都有出现，而没有对其来源进行真正的阅读理解。

举另外一个例子，我们问谷歌："第一座桥梁是何时建成的？"[13] 得到了如下置顶答案：

> 如今世界上绝大多数地方都利用钢铁建筑桥梁，主要河流上横跨的桥梁都属于此种类型。图中所示是世界上第一座铁桥。此桥由亚伯拉罕·达比三世（Abraham Darby III）于 1779 年建成，是历史上第一座用铁建成的大型建筑。

"第一座"和"桥梁"这两个词与我们的查询相匹配，但有史以来建成的第一座桥并非铁桥，因此"第一座铁桥"并不等同于"第一座桥梁"。谷歌给出的答案与正确答案相差了数千年。在谷歌开发出此功能十几年之后的今天，能通过阅读问题并给出直接答案的搜索依然只占极少数。当你用谷歌搜索得出的是链接而非答案时，就说明谷歌只是依赖于关键词和链接计数之类的能力，而非真正的理解。

当然，像谷歌和亚马逊这样的公司一定会不断对产品进行改进。对于像最高法院法官这样的问题，也很容易通过人工编程的方式给出正确的名单。小规模的循序渐进肯定会继续下去，但当我们展望未来时，并没有看到针对我们提出的许多类型挑战的通用解决办法。

几年前，我们在 Facebook 上看到了一个特别搞笑的表情包。这是一张奥巴马的照片，上面写着："去年你告诉我们你 50 岁了；现在你说你 51 岁了。奥巴马你到底几岁了？"两种不同的说法，放在不同的时间，可能都是正确的。如果你是人类，就能理解这个笑话。但如果你是只会做关键字匹配的机器，到这里就彻底抓不住笑点了。

Siri、Cortana、谷歌助手和 Alexa 这类靠语音驱动的"虚拟助手"，又有着怎样的情况呢？先看优点。这些虚拟助手会采取实际行动，而不是抛给你一个链接列表。与谷歌搜索不同，虚拟助手一开始的设计方案就是将用户的查询从实际问题的角度加以理解，而不是将其视为随机的关键词集合。但几年之后，这些虚拟助手都成了"偏科生"，在某些方面很好用，而在其他方面则很薄弱。举例来说，几个虚拟助手都很擅长"事实陈述"的问题，比如"谁赢得了 1957 年的世界大赛"，但它们每一个又有各自的独门绝技。谷歌助手擅长指路和买电影票。Siri 擅长指路和预订餐厅座位。Alexa 擅长数学，讲事先写好的笑话，而且尤其擅长从亚马逊网站上买东西——这一点儿也不稀奇。

　　但在它们擅长的领域之外，你永远也不知道这些助手会在什么时候突然语出惊人。不久前，作家莫娜·布什内尔（Mona Bushnell）做了个小实验，向所有 4 个程序询问通往最近机场的路线。[14]谷歌助手给了她一份旅行社的名单。Siri 给她指了一条去往水上飞机基地的路。Cortana 给了她一个 Expedia 等机票网站的列表。我们其中一人在最近一次驾车出行的途中和 Alexa 聊天，在某些问题得到了完全正确的答案，比如：特朗普是人吗？奥迪是车吗？Edsel 是车吗？但在另一些问题上则彻底迷失了，比如：奥迪能用汽油吗？奥迪能从纽约开到加州吗？鲨鱼是一种交通工具吗？[15]

　　再举个例子，最近有人在 Twitter 上发给马库斯这么个段子：这是一个手机截屏，向 Siri 询问"最近一家不是麦当劳的快餐店"，Siri 老老实实地列出了附近三家餐厅的名单，而且还都是提供快餐的餐厅，但每一家都是雷·克罗克（Ray Kroc）①盖的房子。"不是"这个词被 Siri 完全忽视掉了。

　　2009 年问世的 WolframAlpha 被大肆宣传为"世界上第一个计算知识引擎"，实际上也好不到哪里去。[16]WolframAlpha 拥有囊括各类科学、技术、数学、人口普查和社会学信息的巨大的内置数据库，还拥有利用这些信息回答问题的一系列技术，但依然不具备将所有这些信息整合为一体的能力。

　　WolframAlpha 的强项是数学问题，比如："1 立方英尺②黄金的重量是多少？""密西西比州的比洛克西距离加尔各答有多远？""一个边长为 2.3 米的二十面体的体积是多少？"（答案分别为"547 千克""14132 千米""26.5

---

① 雷·克罗克是麦当劳的创始人。——译者注

② 1 英尺 = 30.48 厘米。——编者注

立方米"）。

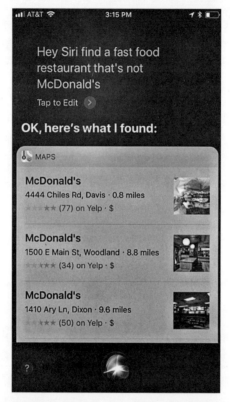

错误地理解了"最近一家不是麦当劳的快餐店"

　　但它的理解能力的局限性很强。[17] 如果你问"墨西哥边境离圣地亚哥有多远"，你会得到"1841 千米"的答案，而这个答案是完全错误的。WolframAlpha 忽略了"边境"这个词，而是计算从圣地亚哥到墨西哥地理中心点的距离。如果你对二十面体的问题稍加调整，用"边的长度为 2.3 米"替换"边长 2.3 米"，它就不再认为这是关于体积的问题，而是告诉你二十面体有 30 条边、20 个顶点、12 个面，根本不提体积的事。WolframAlpha 能告诉你埃拉·菲茨杰拉德什么时候出生，什么时候去世；但如果你问"埃拉·菲茨杰拉德 1960 年时是否健在"，系统就会错误地理解为"埃拉·菲茨杰拉德是否健在"并给出"不"的答案。

可能读者会说：但是，请稍等，沃森呢？就是那个打败了 Jeopardy! 节目中两位人类冠军的沃森，它不是特别会回答问题吗？没错，但可惜的是，沃森并不像表面看上去那么无所不能。原来，Jeopardy! 节目中 95％ 的问题答案都是维基百科页面的标题。[18] 在 Jeopardy! 中获胜，只要能找到合适的文章标题即可。从这种水平的信息检索要发展到能够真正思考和推理的系统，还有着十分漫长的道路。到目前为止，IBM 甚至还未能将沃森打造成为鲁棒的虚拟助手。我们最近在 IBM 的网页上试图寻找这样一款产品，但能找到的只是一个过时的沃森助手演示版，只会处理模拟汽车（simulated cars）相关的事情，根本无法与苹果、谷歌、微软或亚马逊的那些多功能产品相提并论。

我们相信，Siri 和 Alexa 等虚拟助手一定会变得越来越好用，但它们还有很长的路要走。而且，关键问题在于，就像谷歌搜索一样，真正的合成是十分稀罕的。据我们所知，目前很少有公司尝试以灵活的方式将多个来源的信息组合为一体。甚至源自包含多个句子的同一个来源时，其内容也被拆散得七零八落，就像我们之前读到的关于阿曼佐和埃拉·菲茨杰拉德的段落一样。

现实情况是，目前的 AI 系统无法对你在这些情况下所做的事情进行复制，无法对一系列句子进行整合，无法对段落中说了什么和没说什么进行事实重建。如果你能看懂我们的话，那你就是人，而不是机器。或许有一天，你可以让 Alexa 将《华尔街日报》与《华盛顿邮报》对总统的报道进行比较，或者让 Alexa 问问你的家庭医生，最近的体检报告中是否漏掉了什么信息。但就目前而言，这还只是幻想。还是继续跟 Alexa 聊聊天气吧。

我们所拥有的就是一个虚拟助手的大杂烩，通常很有用，但永远都做不到完全可靠——没有一个能做我们人类读书时所做的事情。无论我们曾经怀着多么远大的理想和目标，现实情况就是，AI 出现已经 60 多年了，从功能上讲计算机依然与文盲无异。

计算机不会阅读的三大原因

深度学习解决不了这个问题，与其紧密相关的"端到端"学习也解决不了这个问题。在"端到端"学习中，研究者训练 AI 将输入直接转换为输出，无须通过任何中间子系统。举例来说，传统的驾驶方法将整体分解成感知、预测和决策等子系统（也许在某些子系统中利用深度学习作为其中的一个手段），而端到端的汽车驾驶系统则不经过子系统，是将摄像头图像作为输入，并将加速或转向等调整动作返回作为输出，没有中间子系统来确定视野中有哪些物体位于什么地方，如何移动，其他司机可能会做什么、不可能做什么，等等。

端到端系统发挥的作用有可能极为有效，而且比更加结构化的替代方案更容易实现。端到端系统需要的人力投入也相对较少。有时，这就是最好的解决方案。正如《纽约时报》关于谷歌翻译的文章所说，端到端深度学习系统已经极大提高了机器翻译的技术水平，取代了以前的方法。[19] 现在，如果你想做一个英法互译的程序，那么首先就要收集一个规模巨大的英法双语对照的语料库，比如法律规定加拿大议会的议事录必须同时以英法双语出版，这就是很好的语料。从此类数据中，谷歌翻译可以自动学习英语单词短语与法语对应词之间的相互关系，而无须事先掌握关于法语或英语的知识，也不需要事先了解法语语法的复杂性。即便是我们这样的怀疑论者也为此而赞叹不已。

　　问题是，一个药方治不了所有的病。事实证明，端到端的方法非常适合机器翻译，一部分原因在于可以随时获得大量相关数据，还有一部分原因在于，几乎所有英语单词和法语单词之间都存在或多或少的清晰对应关系。绝大多数情况下，你可以在英法词典中找到精确对应的法语单词，而且两种语言中单词顺序之间的关系遵循相当标准的模式。但关于语言理解的许多其他方面都不太适用端到端方法。

　　比如属于开放式场景的回答问题就不太适用，一部分原因在于正确答案中所使用的单词可能与文本中的单词并没有明显的关系，而且，我们也找不到规模堪比英法双语议事录文件的问答数据库。即使有这样一个数据库，由于各种问题和答案的潜在变化空间极为庞大，无论怎样的数据库都只能覆盖全部可能性之中的一小部分。如前所述，这就给深度学习带来了严重的问题：深度学习在应用场景中偏离其训练集越远，遇到的麻烦就会越多。

　　而且说实话，即使在机器翻译中，端到端方法也有局限性。它们通常（虽然并不总是）能够很好地传达要点，但单词和短语的匹配有时还不够。当正确的翻译取决于更深层次的理解时，系统便无法招架。如果你让谷歌翻译一个法语句子"Je mange un avocat pour le dejeuner"，正确的意思是"我午餐吃了一个鳄梨"，但你得到的翻译是"我午餐吃了一个律师"。法语单词 avocat 有"鳄梨"和"律师"两个意思。而且因为写律师的文章比写鳄梨的文章要多（尤其是在加拿大议会的议事录上），所以谷歌翻译从统计角度出发自动选择了那个更为常见的意思，而付出了违背常识的代价。

侯世达（Douglas Hofstadter）①在《大西洋月刊》上发表的一篇精彩文章中，生动地描述了谷歌翻译的局限性：

> 我们人类对夫妻、房子、个人财产、骄傲、竞争、嫉妒、隐私等许多无形之物了如指掌，并由此产生一些看似古怪的行为，比如一对已婚夫妇在毛巾上绣着"他"和"她"。谷歌翻译并不了解这种情形。谷歌翻译对所有的情形都一无所知。它唯一熟悉的就是由字母组成的单词以及由单词串起来的句子。它唯一擅长的就是关于文本片段的超高速处理，而不是思考、想象、记忆或理解。它甚至不知道单词代表的是什么东西。[20]

虽然科技的进步有目共睹，但对于我们来说，世界上绝大部分文字知识依然无法获取，就算是以数字化的在线形式存在也改变不了这样的现实，因为这些知识是以机器无法理解的形式存在的。电子医疗记录中充满了所谓的"非结构化文本"，比如病历、电子邮件、新闻文章和 word 文档等，无法整齐排列在表格之中。而真正的机器阅读系统将能够深入到所有这些内容之内，从病历中搜寻线索，再从血液检测和入院记录中捕捉到重要信息。但这一问题远远超出了目前 AI 的能力所及，很多病历从未得到过细致的阅读。举例来说，人们正在开发用于放射医疗的 AI 工具。这些工具能够读取图像，对肿瘤与健康组织进行区分。但是，目前还没有办法对真正的放射科医生所做的另一部分工作进行自动化，这部分工作，就是将图像与病人的病史相联系。

在大量拥有潜在商业价值的 AI 应用中，理解非结构化文本的能力是一个重要的瓶颈。我们现在还不具备自动化阅读法律合同、科学文章或财务报

---

① 侯世达的著作《表象与本质》中文简体字版已由湛庐文化引进，由浙江人民出版社于 2018 年出版，其中也描述了谷歌翻译的局限性。——编者注

告的能力，因为上述每一类文件中都包含了 AI 无法理解的文本。虽然目前的工具有能力从最晦涩的文本中提取基本信息，但通常也会遗漏掉许多内容。市面上花样迭出的文本匹配和链接计数工具的确提供了一点帮助，但这些工具根本无法让我们距离拥有真正阅读和理解能力的程序更近一步。

口语理解（也称为对话理解）的情况也没好到哪去。对于将口语转换成医学病历的计算机医生助手来说，面临的挑战更加艰巨——有了这样一个工具，医生就可以将坐在电脑前的时间节约下来，把更多的时间用来和病人相处。来看看维克·莫哈尔医生（Dr. Vik Moharir）发给我们的这段简单对话：

> 医生：你在体力劳动时会感到胸痛吗？
>
> 病人：上周我在修剪院子里的草坪时，感觉就像一头大象坐在了我身上。（指着胸口）

从"人"的角度来看，医生问题的答案显然是"是"。修剪草坪属于体力劳动的范畴，而且我们能推断出病人感觉到了痛苦，因为我们知道大象很重，而被重物压到是很痛苦的。我们还能自动推断出，鉴于一头真正的大象可能造成的巨大伤害，"感觉"这个词在这里是个比喻，不能从字面意义去理解。而从"机器"的角度来看，除非之前有过很多关于大象的具体讨论，否则机器很可能认为这只是关于大型哺乳动物和庭院杂务的无意义闲扯。

我们是怎么陷入这一滩浑水之中的呢？

计算机不会阅读的第一个原因是不会建立认知模型。

深度学习在学习相关性时非常有效，比如图像、声音和标签之间的相关性。但是，当涉及理解客体与其组成部分之间的关系时，比如句子与单词和短语的关系，深度学习就犯了难。为什么？因为深度学习缺少语言学家所说的"组合性"，也就是从复杂句子各个成分的意义来构建其整体意义的途径。举例来说，在这句"月亮离地球 380000 千米"中，"月亮"这个词意味着一个特定的天体，而"地球"则意味着另一个天体，千米意味着距离的单位，"380000"表示一个数字，鉴于汉语中短语和句子的特定组合结构，"380000 千米"意味着一个特定的长度，而"月亮离地球 380000 千米"这句话，就是为了说明两个天体之间的距离是这个特定的长度。

令人惊讶的是，深度学习并没有处理组合性的直接方法，有的只是浩如烟海的孤立特征，而其间并不存在任何结构。深度学习可以知道狗有尾巴和腿，但并不知道尾巴和腿与狗的生命周期有什么关系。深度学习并不知道狗是由一个头、一条尾巴、四条腿组成的动物，甚至不知道动物是什么，不知道头是什么，更不知道青蛙、狗和人的头在概念上有所不同，不知道这些头在细节上存在差异，但与其所在的躯体都保持着同样的关系。深度学习也不能认识到，像"月亮离地球 380000 千米"这样的句子，其中包含了关于两个天体和一个距离长度的短语。

再举个例子，我们让谷歌翻译将"The electrician whom we called to fix the telephone works on Sundays"（我们叫来修理电话的那个电工在星期天上班）这句话翻译成法语，得到的答案是"L'électricien que nous avondes appelé pour réparer le téléphone fonctionne le dimanche"。如果你懂法语，就能看出来这个翻译不太对。特别需要指出的是，work（上班）这个词在法语中有两种翻译：travaille 意为"工作"，fonctionne 意为"正常运转"。谷歌使用了 fonctionne 这个词，而不是 travaille，和我们的理解有所不同。"星期天上班"在语境中指的是电工，如果你说到一个正在工作的人，你应该使用动词 travaille（不定式：travailler）。从语法上讲，此处动词"work"（上班）的主语是电工，而不是电话。句子的整体意义是各个成分组合在一起所表达出来的，而谷歌并没有真正理解这一点。谷歌翻译在许多情况下取得了成功，而这些成功让我们高估了系统所知的范围，但事实证明，谷歌翻译的确缺乏深度。由此我们也能看出关于 AI 的错觉与现实之间的距离。[①]

还有一个与此相关的重要问题是，深度学习并不具备整合背景知识的好办法，这一点我们在前面的第 3 章中也有提到。如果要学习在图片和标签之间建立联系，怎么做到的并不重要，只要能给出正确的结果，就没人会关心系统的内部细节，因为最初设定的目标就是为给定的图像匹配正确的标签，这一任务与我们所了解的绝大部分常识都搭不上关系。而语言远非如此。事实上，我们看到或听到的每一句话，都要求我们在大量的背景知识的基础之上推断出这些背景知识与所读内容之间的相关性。深度学习缺乏表达这类知识的直接方法，更不可能在理解句子的过程中以背景知识为基础进行推理。

最后，深度学习是静态地将输入匹配到标签，比如把猫的图片匹配到猫的标签，但阅读是一个动态的过程。当你利用统计方法对故事开篇的文字进行翻译，将 "Je mange une pomme" 翻译成 "我吃一个苹果"，你不需要知道这两句话的意思，只要你能根据之前的双语语料库识别出 "je" 和 "我"相匹配，"mange" 和 "吃" 相匹配，"une" 和 "一个" 相匹配，"pomme"和 "苹果" 相匹配。

---

① 2018 年 8 月，我们第一次写下这句话的时候，谷歌翻译犯下了我们上面讲到的错误。而当我们在 2019 年 3 月编辑草稿时，谷歌翻译对这个错误进行了修正。但是，这个修复是脆弱的。如果不标注句尾的句号，或用引号将句子括起来，或用括号将这句话括起来，或将句子变成 "The engineer whom we called to fix the telephone works on Sundays"（我们叫来修理电话的那个工程师在星期天上班），谷歌翻译就会回到之前的错误上，继续使用 functionne 这个译法，而非 travaille。由于系统的表现时常发生变化，每天给出的翻译结果都不一样（也许是训练数据集的变化所导致的），因此很难保证某个特定的句子翻译在哪一天是准确的，哪一天是错误的。只要算法的基本性质保持不变，我们所描述的通用问题就会继续层出不穷。

许多时候，机器翻译程序可以给出一些有参考价值的东西，但一次只翻译一个句子，并不能理解整篇文章的意思。

当你在阅读故事或文章时，你做的是与机器完全不同的事情。你的目标不是去构造统计学上的合理匹配，而是去重建一个作家用文字与你分享的世界。当你读到阿曼佐的故事时，首先会发现故事包含三个主要人物：阿曼佐、他的父亲、汤普森先生。随后你会对这些人物的细节进行填充，比如阿曼佐是个男孩，他的父亲是个成年人等。你还会对一些事件的发生进行把握，比如阿曼佐发现了一个钱包，阿曼佐问汤普森先生这个钱包是不是他的等。同样，当你每次走进房间，每次去看电影或读故事时，都会无意识地做类似的事情。你会判断此处有哪些实体，它们之间的关系是什么。

用认知心理学的话来讲，你在阅读文本时所做的，就是建立一个关于文本表达意义的认知模型。[21] 这可以很简单，比如对丹尼尔·卡尼曼（Daniel Kahneman）和已故的安妮·特里斯曼（Anne Treisman）所讲的"对象文件"进行编译（对象文件是关于个体对象及其属性的记录）；也可以很复杂，比如对复杂场景的透彻理解。[22]

举例来说，当你读《农庄男孩》时，会逐步在脑海中对故事中所有的人物、东西和事件及其之间的关系建立起形象：阿曼佐、钱包和汤普森先生，阿曼佐与汤普森先生对话的事件，汤普森先生大喊大叫、拍打口袋，汤普森先生从阿曼佐手中抢过钱包，等等。只有在你读过文本并构建起认知模型之后，你才有能力完成与这段故事有关的任务，包括回答相关问题，将段落翻译成俄语，总结，模仿，演绎，解释，或者仅仅是在脑海中留下记忆。

谷歌翻译是狭义 AI 的典型代表，回避了认知模型的构建与使用的全过程。谷歌翻译从不需要对事件进行推理或跟进事件的进展。在其擅长的领域，谷歌翻译做得还算不错，但其擅长的领域只涵盖了阅读的极小一部分。谷歌翻译从来不会为故事建立认知模型，因为它做不到。你不能向深度学习提问"如果汤普森先生摸了摸他的口袋，发现在放钱包的地方有一个鼓包，那么会发生什么"，因为这种问题根本不属于深度学习范式中应有的部分。

统计数字不能代替对现实世界的理解。问题不仅仅是偶尔出现随机误差而已，而是在目前翻译工具所使用的统计分析与真正的阅读理解所需的认知模型构建之间存在本质上的不匹配。

计算机不会阅读的第二个原因是不理解"不"的含义。

深度学习面临的一个令人意想不到的难题，就是对"不"这个词的理解，而经典 AI 方法则不会遇到同样的问题。还记得 Siri 在遇到"找一家不是麦当劳的快餐店"这个指令时给出的错误回复吗？提出这个问题的人，大概想要得到一个类似"榆树街 321 号的汉堡王，缅因街 57 号的温蒂汉堡，以及春街 523 号的 IHOP"这样的答案。但是，温蒂汉堡、汉堡王或 IHOP 并没有与"不"这个词联系在一起的特征，而且人们也不会特别频繁地将这些餐厅称作"不是麦当劳"。所以冰冷的统计数据并不能将这些餐厅与"不是麦当劳"联系起来，尽管同样的方法可以将"国王"与"王后"联系起来。人们可以想出一些统计技巧来解决识别餐厅这一特定问题，但是想要对所有涉及"不"字的场景进行全面处理，则远远超出了深度学习的现有能力。

你真正需要的，是一套传统的曾用于构建数据库和经典 AI 的计算操作方法：构建一个列表，比如某个位置附近的快餐店，然后排除属于另一个列表的元素，比如各家麦当劳特许经营店的列表。

但深度学习的构建原理从最一开始就避开了这类计算。列表在计算机程序中是最基本、最普遍的存在，已有 50 多年的历史（第一个主要的 AI 编程语言 LISP 就是围绕这一基础构建起来的），却完全被深度学习排除在外。于是，要让深度学习理解一个包含"不"字的查询，就如同要将方钉打入圆孔一样困难。

计算机不会阅读的第三个原因是无法应对模糊性。人类语言充满了模棱两可的描述。许多单词都有多种含义：作为动词的 work 既有工作的意思，也有发挥作用的意思；作为名词的 bat 既是一种会飞的哺乳动物，也是棒球运动中使用的木棒。这些还算相对能说清楚的。若想将 in 或者 take 等词汇的全部不同意义都一一列举出来，能写满一部词典。事实上，除了非常专业的词汇外，大多数词汇都有多重含义。而短语的语法结构也不甚清晰。"People can fish"这句话，是指人们可以去钓鱼，还是说人们把沙丁鱼和金枪鱼之类的鱼装进罐头里，就像在约翰·斯坦贝克（John Steinbeck）的小说《罐头厂街》（Cannery Row）里写的那样？代词之类的词常常会引出更多的歧义。如果你说，萨姆抱不动哈利是因为他太重了，那么从原则上讲，"他"既可以是萨姆，也可以是哈利。

我们人类读者的神奇之处就在于，99% 的时候甚至都注意不到这些不清晰的地方。我们不会感到困惑，而是会在无意识的情况下，迅速地、毫不费力地找到正确的解释方法——如果存在正确解释的话。①

假设你听到这样一句话：Elsie tried to reach her aunt on the phone, but she didn't answer。虽然这句话在逻辑上模棱两可，但意思却很清楚。在

---

① 在没有进一步信息的情况下，并非所有的模糊性都能得到解决。如果有人走进房间说："你猜怎么着，我刚在车库里看到一个 bat。"你真的无法知道他说的是一只会飞的动物还是一件运动器材。在你了解到更多的上下文之前，你什么也做不了。同样，让 AI 在这样的情况下施展读心术也不是个合理的要求。

你的意识里，根本不会有所疑虑，去想 tried 在这里是不是指法庭诉讼，或 reach 是否意味着亲身到达目的地，或 on the phone 是不是在说阿姨站在电话上面摇晃着保持平衡，或者短语 she didn't answer 中的单词 she 是否指的是埃尔茜（Elsie）本人。相反，你立刻就会把注意力集中在正确的解释上：埃尔茜想通过打电话联系阿姨，但阿姨没有接。

现在试一试用机器来实现上述所有这些能力。在某些情况下，简单的统计就能发挥作用。tried 这个词表达"尝试"这个意思的次数要比表达"提起诉讼"的次数多得多。on the phone 这个短语表达"用电话进行交流"这个意思的频率也要比表达"坐在电话上"的频率高，即便会存在例外情况。当动词 reach 后面跟着一个人，而句子附近能找到单词 phone 时，reach 这个词的意思很可能是"成功实现了沟通"。

但在很多情况下，统计方法并不能帮你得到正确的答案。如果不能真正理解发生了什么，是没有办法解决模糊性这个问题的。在"Elsie tried to reach her aunt on the phone, but she didn't answer"这句话中，最重要的是背景知识[①]与推理的配合。背景知识能让读者一目了然地知道埃尔茜不可能

---

① 把上述信息结合成为一个整体，实际上需要两种背景知识。首先，你需要知道电话是如何工作的：一个人发起呼叫，另一个人可能接听，也可能不接听；只有当第二个人接听时，电话通信才会成功（呼叫者找到了被呼叫者）。其次，你要利用一条与牛津大学哲学家格莱斯（H.P. Grice）有关的规则：当人们说话或写东西时，他们会试图向你传达新的信息，而不是旧的信息。在这个案例中，由于句子里已经说过是埃尔茜打的电话，那么再接着说她没有接电话就没有意义了；打电话的人从来不是接电话的人。阿姨没有接电话，这才是有用的信息。顺便说一下，这个例子引自目前最具挑战的机器测试——Winograd Schemas。对于成对的句子，如"Elsie tried to reach her aunt on the phone, but she didn't answer" vs "Elsie tried to reach her aunt on the phone but she didn't get an answer"，至少从人类的角度来说，必须利用背景知识才能理解。本书作者戴维斯与赫克托·莱韦斯克（Hector Levesque）和莉奥拉·摩根斯顿（Leora Morgenstern）一起整理出了这份测试，并提供了一套在线版本。

接她自己打的电话。通过逻辑分析，你知道 she 肯定指的是她的阿姨。学校里没人教我们如何进行这类推理，因为我们本能就知道应该怎么做。从我们最初开始对这个世界进行理解时，这种推理能力就自然而然地形成了。而在这类问题面前，深度学习完全无从下手。

常识很重要

遗憾的是，到目前为止，也没人找到真正有效的替代思路。经典 AI 技术，也就是在深度学习流行起来之前比较常见的方法，在组合性方面有更好的表现，也是构建认知模型的有用工具，但经典 AI 方法不善于从数据中学习，目前在这方面根本不能与深度学习相比，而且经典方法要对语言进行人工编码，实在太过复杂烦琐。经典 AI 系统通常使用模板，例如，模板 [位置一离位置二有距离] 可以与"月球离地球有 380000 千米"这句话进行匹配，被用来识别指明两个位置之间距离的句子。但是，每个模板都必须通过人工进行编码，每次遇到一个与以往不同的新句子时，比如，"月球位于地球约 380000 千米开外"，或者"月球在 380000 千米之外围绕地球沿轨道运转"，系统就会无所适从。而且，仅靠模板本身也很难实现关于世界的知识与语言知识的结合，从而难以解决语言模糊性的问题。

目前，自然语言理解领域落于两种不同的思路之间：一种是深度学习。深度学习非常善于学习，但在组合性和认知模型构建方面很弱。另一种是经典 AI。经典 AI 将组合性和认知模型的构建囊括了进来，但在学习方面表现平平。

而两者都忽略了我们在本章中始终强调的主要内容：常识。

除非你非常了解世界是怎么运转的，了解人物、地点、物体及其彼此之间的相互作用，否则根本无法为复杂文本建立可靠的认知模型。如果没有常识，你读到的绝大多数内容都将毫无意义。计算机之所以做不到有效阅读，真正原因就在于它们对世界的运行方式缺乏基本理解。

可惜，掌握常识这件事远比人们想象的要难上许多。我们随后还会了解到，让机器获得常识的这一需求，也远比人们想象的要更加普遍。如果说常识对语言领域来说是个不容忽视的问题，那么，在机器人领域则更为紧迫。

第 5 章 | 哪里有真正的
机器人管家

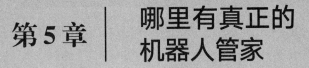

Rebooting AI:
Building Artificial
Intelligence We
Can Trust

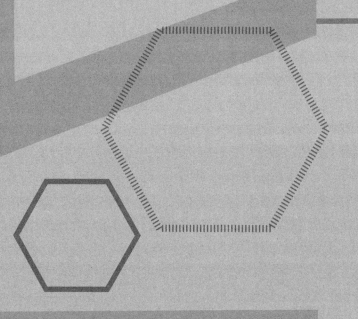

10 年后，罗素姆万能机器人（Rossum's Universal Robots）将生产出那么多的小麦，那么多的材料，那么多的各种各样的东西，一切都变得不再需要成本。

卡雷尔·恰佩克在 1920 年的话剧《罗素姆万能机器人》中首次提出了"robot"（机器人）这个词

能够真正自主互动、学习、负责任、有用的机器人——在这一领域，我们还处于极其初级的阶段。

曼努埃拉·维洛佐，《人 – 机器人 – AI 交互这一日趋宝贵的机遇：人机合作 CoBot 移动服务机器人》，2018 年 4 月担心超级智能机器人会发动起义，攻击人类？

　　真没必要。至少从目前看来，如果机器人真的向你发起攻击，你可以做以下 6 件事来自我防御。

1. 把门关上，为了万无一失，再把门锁上。现在的机器人连门把手都拧不开，在开门的过程中有时还会摔倒。[1] 为了公平起见，在此讲一讲我们看到过的一个演示。演示中，机器人在某种特定的照明条件下打开了某种特定的门把手。[2] 但这种 AI 很可能只是个例，无法解决普遍的问题。我们没见过有哪个演示能展示机器人打开各类形状、各种大小的门把手，没见过机器人在各类照明条件下打开门把手，更没见过机器人打开上了锁的门，哪怕是用现成的钥匙来开门，我们都没见过。

想要开门的机器人往后倒去。
来源:《科技纵览》(*IEEE Spectrum*)

2．还在担心？那就把门把手涂成黑色，整扇门也涂成黑色。由此一来，机器人看到门把手的概率就会大大降低。

3．除此之外，请在大门上贴一张校车或烤面包机的大幅海报〔见第3章〕，或者自己身上穿一件印有可爱小宝宝照片的T恤。机器人看到这一幕，便会被彻底搞糊涂，以为你是个婴儿，然后不屑一顾地离你而去。

4．如果这样还不行，那就上楼去，在必经之路上放一溜香蕉皮和钉子，机器人很少能在缺乏事先准备的情况下通过障碍路线。[3]

5．就算是那些能爬楼梯的机器人，也很可能无法跳上桌子，除非它们接受过专门训练。但是你能跳上桌子，所以不妨直接跳上去，或者爬上一棵树，然后拨打911。

6．然后就可以高枕无忧了。说不定在911赶到之前，机器人就没电了。目前，自由行走的机器人一般只能坚持几个小时。因为其内部的计算机需要消耗巨大的能量，所以在两次充电之间能坚持的时间不会很长。

阻止机器人攻击

好吧，这么说可能有点哗众取宠。也许有一天，机器人真的会直接把门撞开，然后跳上桌子，但目前我们所知的机器人，是很容易被人搞糊涂的。至少在可预见的未来，我们不必担心天网，更不用担心机器人会抢走我们的工作。

相反，我们最大的恐惧，是人类对不可能发生的事情存在不合理的担心，而致使机器人革命胎死腹中。

从扫地机器人到机器人管家

在电影中，机器人的角色要么是英雄，要么是恶魔。《星球大战》中的R2-D2 总是横空出世，拯救世界，而终结者则是来屠杀全人类的。机器人要么不遗余力地取悦主人，要么毫不留情地消灭主人。在现实世界中，机器人并没有个性或欲望。它们之所以存在，并不是为了屠杀人类，也不是要掠夺我们的土地，当然更没有必要与恶势力对抗，将人类从水深火热中拯救出来。它们甚至不像 R2-D2 那样频繁地闪烁。在大多数情况下，机器人都隐藏在装配线上，做着人类不想做的枯燥工作。

而且机器人公司也没有科幻小说中描述的巨大野心。有一家公司，主业是制造用于挖掘建筑物地基的机器人，另一家公司的机器人擅长摘苹果。这两家公司的业务都颇具商业价值，但并不是我们小时候想象之中的那种东西。我们真正想要的是罗茜，也就是 20 世纪 60 年代电视节目《杰特逊一家》里的多功能机器人管家。植物、猫、盘子和孩子，这个机器人能将家中的一切照料得有条不紊。太幸福了，从此以后再也不用收拾家务了。但是无论我们对机器人管家有多么热爱，兜里有多少钞票，都买不到罗茜或类似的机器人。写到此处之时，有传言说亚马逊可能会推出一款靠轮子来四处走动的 Alexa，但轮子上的 Alexa 距离罗茜还有太长的路要走。

　　事实上，现在最畅销的机器人既不是无人驾驶汽车，也不是某种原始版本的 C3PO ①，而是扫地机器人 Roomba。Roomba 没有手没有脚，是个只会打扫地面的吸尘器。而且 Roomba 也的确没有什么思考和判断能力，和我们在第 1 章内容中讲到的一样。这与罗茜之间的差距，简直是一个天上一个地下。

　　可以肯定的是，像宠物一样的机器人管家已经出现了，⁴ 能跟随主人在机场四处走动的"无人驾驶"行李箱可能很快也会出现。⁵ 但是机器人在 2025 年之前能给你做饭、打扫房间、给孩子换尿布的可能性几乎为零。在工厂和仓库之外，机器人仍然是一个新奇事物。②

　　从扫地能力还不错但其他什么都不会的 Roomba，到能为我们提供全面服务的，像 C-3PO 或罗茜那样的人形同伴，它们可以简化我们家庭生活方方面面的事务，极大改善老人和残障人士的生活质量，每周为我们节省下好几个小时的家务劳动时间——要达到这个目标，需要我们做到哪些事情呢？

　　首先，我们要认识到，Roomba 是个非常与众不同的东西。Roomba 的发明者罗德尼·布鲁克斯（Rodney Brooks）意识到，这样一台机器并不需要非常聪明。他的灵感来源于昆虫那小小的大脑也能完成像飞行这样复杂的任务。吸尘是一项单调而平凡的工作，只需要一点点智能就可以做得还不错，尽管并非完美。只要你能把任务控制在足够窄的范围内，即使只有很少的计算机硬件，你也能制造出能做点有用事情的机器人，人们也会愿意为了这个机器人花大把银子。⁶ 如果你想在大多数时候吸起大部分的灰尘，那么在一

---

① 电影《星球大战》中的另一个机器人。——译者注

② 快餐厅的烹饪机器人是另一回事；对于像麦当劳这样的销量巨大的连锁餐厅来说，由于要对内部环境和高劳动力成本进行严格控制，其自动化程度可能很快就会提高。

个普通的房间里，你可以来回走，当撞到什么东西的时候，就转过头来改变方向。在地板的同一部分重复吸尘很多次，效率很低。但大多数时候，只要没有漏掉那些通过狭窄过道才能到达的房间的某些部分，Roomba 就能完成任务。

真正的挑战，是超越吸尘这项单一任务，打造出可以从事五花八门的日常杂务的机器人。既能打开真空的密封罐子、拧开瓶盖、拆开信封，也能除草、修整树篱、修剪草坪、包装礼物、给墙面刷漆、整理餐桌。

当然，我们已经取得了一定的进展。我们的好朋友曼努埃拉·维洛佐（Manuela Veloso）已经制造出了可以在卡内基·梅隆大学的大堂里安全畅游的机器人，我们也亲眼见证了机器人举起重量远远超过自身体重的重物。[7]无人机已经可以做到一些令人惊叹不已的事情，比如追踪跑步者在山路之中的行进，还能自动避开沿途的树木，例如 Skydio 的自动飞行相机。

如果你仔细浏览 YouTube 上有关机器人的视频，可以找到几十个比 Roomba 强大得多的机器人演示——至少在视频中是这样。但在这里，"演示"（demo）才是关键词。其中没有一个机器人做好了面向大众的准备。2016 年，埃隆·马斯克宣布了打造机器人管家的计划，但就我们所知，时至今日该项目并没有取得多大进展。[8]除了前面提到的娱乐无人机（对电影摄制组来说非常有用）之外，目前市面上任何一种无人机都受不起"突破"这个头衔，而且它们也不是罗茜。无人机不需要捡东西、处理东西，也不需要爬楼梯；除了飞来飞去和拍照片，它们并不会接受执行其他任务的指令。"小点"（SpotMini）是一种无头机器狗，预计很快就会发布，但我们还不了解其价格和确切用途。[9]波士顿动力公司的"阿特拉斯"（Atlas）机器人属于人形机器人，大约 1.5 米高，70 千克重，能做后空翻，可以跑酷。[10]但是你在网上看到的那个跑酷视频，其实是在一个精心设计的房间里拍了 21 次才达到的效果。[11] 我们不能寄希望于这个机器人能在操场上和孩子们一样追跑打闹。

即便如此，依然有许多令人兴奋的硬件正在开发过程中。除了小点和阿特拉斯这两个惊艳作品之外，波士顿动力公司的机器人还包括：野猫（Wildcat）——"世界上速度最快的四足机器人"，能每小时 32 千米的速度向前奔跑；[12] 大狗（BigDog）——"第一个先进的崎岖地形机器人"，身高 0.9 米，体重 110 千克，能以每小时 11 千米的速度前行，能爬上坡度为35 度的山丘，穿过废墟，穿越泥泞的健行步道，蹚过雪地和水洼，还能背负 45 千克的有效载荷。[13] 当然，每一辆所谓的无人驾驶汽车都是一个装扮成汽车的机器人。从这个角度来看，"阿尔文号"之类的潜水器也是机器人，火星探测车也是机器人。麻省理工学院的金尚培（Sangbae Kim）等研究人员，也在努力钻研极为敏捷的硬件。[14] 上述所有硬件的成本，对于普通家庭来说太过昂贵，但总有一天价格会降下来的，机器人会走进千家万户。

2011 年福岛核反应堆在海啸中被毁后，机器人在反应堆的关闭和清理中发挥了至关重要的作用。iRobot 公司的机器人被送入反应堆以确定其内部状态，并留在现场继续执行清理和维护任务。[15] 虽然机器人主要由外面的操作人员通过无线电通信进行控制，但它有限的人工智能能力也发挥了重要作用。它们能够绘制地图、规划最优路径，从斜坡上摔下来时能自动调整方向，在与操作人员失去联系后沿原路返回。

真正的问题在于软件。无人驾驶汽车可以自我驱动，但达不到安全的水准。小点能表演许多令人惊叹的技艺，但到目前为止，都要依靠远程操作，需要有人拿着操纵杆在后台告诉机器人该做什么。可以肯定的是，专注于机器人领域的机械工程师、电气工程师以及材料科学家在未来的许多年中都会非常忙碌，他们要做出更好的电池，想办法降低成本，打造出足够强壮和灵巧的机器人躯体。但真正的瓶颈，在于让机器人在各自擅长的领域安全、自主地完成任务。

达到这样一个目标，需要我们怎么做？

机器人管家必备的四个能力

《星际迷航：下一代》（*Star Trek: The Next Generation*）给出的答案很简单。你所需要的只是 Commander Data 少校拥有的"正电子大脑"。很可惜，我们至今依然不确定这样一个大脑究竟是什么，如何工作，从哪里能买到。

与此同时，几乎任何一个拥有智能的实体，无论是机器人，还是人类或动物，都能在几方面做到比 Roomba 更复杂。首先，智能实体需要对 5 个基本特征进行计算：自己在哪里，周围的世界正在发生着什么事情，现在应该做什么，应该如何实施计划，从长期来看应该计划去做哪些事才能实现给定目标。

对于只专注于单一任务的不太复杂的机器人来说，可能可以在某种程度上绕开这些计算。最初的 Roomba 版本，并不知道自己身在何处，并不跟踪记录行走过的区域地图，也没有计划。它只知道自己是否在移动，刚刚是不是撞上了什么东西。（近期的 Roomba 版本确实能构建地图，一是为了提高效率，二是为了确保不会因随机行走而遗漏掉哪些位置。）对于 Roomba 来说，"现在该做什么事"这个问题从来没有出现过。它唯一的目标就是吸尘。

但 Roomba 的优雅简约也只能干这么点儿事情了。对于能提供更全面服务的机器人管家来说，日常生活中会出现更多的选择，而决策也将成为一个更加复杂的过程。这个过程将取决于对世界的更加广阔、更为复杂的理解。

目标和计划很容易就会随着时间的推移而改变。机器人的主人可能会命令它把碗碟从洗碗机里拿出来，但优秀的机器人管家绝不会不假思索地蛮干，而是会随着环境的变化而自我调整。

如果洗碗机旁边有一个玻璃盘子在地板上摔碎了，那么机器人就可能需要规划出另一条通往洗碗机的新路线，也就是对其短期计划进行调整；或者，在更理想的情况下，机器人可能会意识到，自己的首要任务是清理碎玻璃，并将拿碗碟这件事先放在一边。

如果炉子上的食物着火了，机器人就必须先将火扑灭，再将碗碟从洗碗机里拿出来。但可怜的 Roomba 就算是遇上了五级飓风，也会义无反顾地继续吸尘。我们梦想中的罗茜则需要做到更多的事情。

正因为世界在不断地变化，所以关于目标、计划和环境的核心问题永远不会有固定的答案。高质量机器人管家的使命，促使它需要不断地进行重新评估。"我在哪里"，"我目前是什么状态"，"在我目前的状态下，面临哪些风险和机会"，"从短期和长期来看，我应该做什么"以及"我应该如何执行计划"，① 每一个问题都必须在循环往复的过程中不断得到解决，就像著名空军飞行员兼军事战略家约翰·博伊德（John Boyd）提出的 OODA 循环一样：观察（Observe）、调整（Orient）、决策（Decide）和行动（Act）。[16]

所幸，多年以来，机器人行业在实现机器人认知周期的某些环节已经取得了相当好的成绩。而不幸的是，除了这些特定环节，其他领域几乎没有取得任何进展。

---

① 我们在这里用了拟人化手法，说机器人存在对"本我"的感觉，向自己提出诸如此类的问题。更准确的说法是，机器人的算法会计算出它的位置、当前状态、风险和机遇、下一步应该做什么，以及它应该如何执行计划。

我们先从成功的故事讲起。一起来看看定位和运动控制。

第一个能力是定位。定位比我们想象的难度更大。最直观的方法就是 GPS。但 GPS 直到最近才精确到大约 3 米，而且在室内也不是特别好用。[17] 如果我们梦想中的家务机器人只能利用 GPS 来定位，那么，它站在楼梯上时还会以为自己在浴室里。

军用和专用 GPS 要精确得多，但不太可能应用于商业化的机器人。这就意味着，商业机器人不能仅仅依赖 GPS。幸运的是，机器人可以利用很多线索来确定自己的位置，比如航迹推算（跟踪机器人的轮子的行进轨迹，估计它走了多远）、视觉（浴室看起来和楼梯很不一样）和地图（可以用多种方式进行构建）。多年来，机器人专家开发了一套被称为"同步定位与地图构建"（Simultaneous Localization and Mapping，简写为 SLAM）的技术。这套技术能允许机器人构建出一张环境地图，并记录下它们在地图上的位置和行进方向。[18] 每走一步，机器人都要经过以下步骤：

1. 机器人利用传感器来观察它所在位置能看到的那一部分环境。
2. 通过将自己看到的景物与其所构建地图中的物体进行比对，来提升它对当前自身方位的判断。
3. 将之前没有见过的物体或物体的部分添加到地图之中。
4. 机器人要么移动（一般情况下是前进），要么转向，并通过自身的移动距离和转向角度来调整它对自身新方位的判断。

虽然哪个技术都不敢自称完美，但 SLAM 在实际应用中非常有效，完全可以让我们将机器人空降到经过详细制图的建筑之中的某个随机地点，期望它搞明白自己所处的位置，并在其他软件的配合下，弄清楚怎么才能到达它需要到达的地点。SLAM 还允许机器人在探索某个空间的过程中逐步建图。

如果从博伊德的角度去理解，"定位"这个问题已经或多或少地得到了解决。

第二个能力是运动控制。运动控制就是引导机器人进行各种动作的任务，比如走路、举起物体、旋转手臂、转动头部、爬上楼梯。

对于无人驾驶汽车来说，运动控制领域需要达到的目标相对比较简单。汽车只有为数不多的几种选择，都与油门、刹车和方向盘有关。自动驾驶汽车可以改变速度或停下来，可以通过转动方向盘来改变前进方向。从控制角度来看，并没有其他什么需要计算的内容。除非这辆车会飞上天空，否则根本无须考虑 Z 轴在空间上下的移动。根据期望的行驶轨迹来计算出方向盘、刹车和油门的期望状态，这是一个直观的数学问题。

对于人形机器人或类动物、类昆虫机器人来说，情况则更加复杂。因为它们拥有许多关节，而这些关节又能以多种方式进行移动。举例来说，假设桌上有个茶杯，人形机器人需要伸出手臂，用两根手指拿住茶杯的把手。首先，机器人要搞清楚怎样移动手臂上的诸多部位，让自己不会撞到桌子上，各个部位之间不会互相撞到，也不会将茶杯撞翻。之后，机器人还要对茶杯把手施加足够的力量，既能稳定地抓住把手，又不至于将瓷器捏碎。机器人必须在获知自身位置、目标位置、沿途有哪些障碍物的情况下，计算出一条路线，并制定出一套复杂计划 [19]（实际上是一个小型计算机程序，或为此定制的神经网络），指明身体部位之间的关节角度和力量，以及这些角度和力量如何随时间的进展而改变（可能以反馈函数的形式），来防止杯中之物洒出来。就算是伸手去拿茶杯这个动作，也需要至少 5 个关节参与进来——肩膀、肘部、手腕、两根手指，以及这些关节之间的许多复杂互动。

虽然问题很复杂，但近年来，业界还是取得了令人瞩目的进步，尤其是波士顿动力公司。这家公司的领军人物是马克·莱伯特（Marc Raibert），他在人类和动物运动控制方面拥有深厚的研究和学习经验。莱伯特利用自身在这方面的专业能力,创造出了大狗和小点等运动起来与动物十分相似的机器人。这些机器人的软件不断快速更新驱动器(机器人的"肌肉")的力量,并将其与来自机器人传感器的反馈信息相集成,以便机器人在任务进行过程中,能够动态地重新规划在线状态下应该去做的事情——而不是事先规划好所有任务,然后默默祈祷一切顺利。之前难倒许多机器人的任务,都被莱伯特的团队所克服。莱伯特的机器人甚至还能抵抗住足以将普通机器人打倒的力量。

加州大学伯克利分校和麻省理工学院的许多实验室,也在运动控制方面取得了长足进展。[20]YouTube 上有许多视频,展示了实验室中的机器人开门、爬楼梯、投掷比萨饼、折叠毛巾,虽然这些演示基本都是在精心控制的环境之中进行的。目前来看,人类的运动控制相比之下更加多样化,尤其是在操作小物体的情况下,但机器人还是有机会赶超人类的。

我们对机器人运动控制目前状态的所有信息,都来自演示视频,而视频内容是极具误导性的。许多视频都被调快了速度,让人误以为机器人在一分钟甚至一个小时内做到的事情,和人类在几秒钟做到的事情是一回事。而且有的时候,幕后还藏着人类操作员。这样的演示视频,不过是概念验证,代表着某些并不真正稳定的技术所能表现出的最佳状态,而非马上就能交付使用的成熟产品。这些演示从原则上证明,只要有足够的时间,机器人最终都能通过编程来完成许多实际任务。但是,我们无法从演示中获知这些任务是否能得到高效执行,是否能得到自动执行,而"自动",才是最重要的终极目标。最终,我们应该能信心满满地命令机器人"给我打扫房间",在经过一点训练之后,机器人不仅应该有能力吸尘,还应该能擦灰、擦窗、打扫门廊、将书本码放整齐、扔掉没用的垃圾信件、叠衣服、扔垃圾、将碗碟放到洗碗机里。演示能告诉我们的,就是如今我们已经拥有了能做到上述某些任务的硬件，物理实体部分不会成为机器人发展道路上的减速带。真正的挑战在于心智方面，在于让机器人正确理解你那模棱两可的指令，并在动态变化的世界中对所有的计划进行协调。

普遍来讲，对于 AI 行业来说，最大的挑战就在于鲁棒性。我们看到的几乎每一个演示中，机器人都处在我们能想象到的最理想的环境之中，周遭完全没有凌乱的物体和复杂的结构。如果你仔细看机器人叠毛巾的视频，就会发现，这些毛巾的颜色都很鲜艳，而背景都是深色，房间空空荡荡，方便计算机软件将毛巾与房间的其他部分区分开来。在真正的家庭环境中，如果灯光昏暗，毛巾颜色与背景相融合，如果机器人不小心将墙体的一部分误认为是毛巾，那接下来的事儿就不可预测了。机器人煎饼机若是单独放在餐厅的一间空屋子里，可能工作起来十分顺畅，但如果放到凌乱不堪的单身汉宿舍，那就不好说了，很可能拿起一摞没拆开的信件当作煎饼，一边煎炸一边翻个儿，直到信件着火为止。

真实世界中的运动控制，并不只是抽象地控制肢体和轮子的行动，而是要根据有机体的感知反馈而控制行动，并对不完全符合预期的世界进行适应。

第三个能力是态势感知（situational awareness），就是对于随后可能发生的事情的认识。是否会来一场暴风雨？如果我忘了将火关掉，那么炉子上的锅是否会着火？椅子是否马上要倒下？（小孩子的父母对后者有着极高的感知。）态势感知的一方面，是要去寻找风险，但也可以是去寻找机会或奖赏。举例来说，无人驾驶汽车可能会注意到沿途开出了一条新的捷径，或是某个停车位意想不到地空出来了。试图通下水道的机器人管家，可能会发现烤火鸡的浇油管有了新用途。在受到严格管控的工厂地板上，态势感知涉及的问题也相对可控，诸如"这里是否有障碍物"和"传送带是否在运行"

等问题。

在家中，场景态势以及随之而来的风险、奖赏和机遇，都更富挑战、更加复杂。举例来说，坐在客厅里，你可以有数百个选择，还有可能改变态势本质的数千个参数。你可以站起身来，在客厅里走动，走向厨房，打开电视，选一本书，或擦拭茶几。所有这些行为，都是日常的合理活动，但如果烟雾报警器突然响起，或一场飓风即将来临，那么你想做的这些事都不能继续。

在任一给定时刻对正在发生的事件及其中潜藏的风险与机遇进行评估时，作为一个人类，你会不停地将视觉、嗅觉和听觉（可能还有触觉和味觉）相结合，感知自己的身体位于何处，感知与自己同处一室的其他生命与物体的存在，感知自身的整体目标（你想在这个小时做什么？这一天做什么？这个月做什么？），以及数百个其他变量（是不是在下雨？我有没有忘记关哪扇窗？会不会有只虫子或动物不请自来地跑到我家？）。如果说工厂装配线是封闭的世界，那么家庭环境就是你能找到的最开放的世界，这也为机器人带来了极为艰巨的挑战。

无人驾驶汽车处于两者之间。绝大多数时候，若想搞清楚正在发生什么，只需要对有限的几个问题进行计算：我应该往哪条路上开？要开多快？这条路是往哪个方向转弯？附近有什么物体？这些物体位于哪里，如何移动（可以通过对不同的时间段数据作对比来进行计算）？我可以开往哪里（比如行车道在哪里，目前的转向机会）？但若遇见龙卷风、地震、火灾，哪怕是遇到让由真人驾驶的车辆纷纷绕道的小剐蹭事故或穿着万圣节服装的小朋友，所有的规划都要重新来过。

目前的 AI 能娴熟处理的那一部分态势感知，是在某些环境中对物体进行识别：简单的物体识别是深度学习的强项。如今，机器学习算法已经能以某种程度的准确性，识别出许多场景中的基本元素，比如家中的桌子和枕头、路上的车辆等。但是，即使是在简单的识别任务中也存在一些严重的问题：几乎没有哪个物体识别系统能在光线的变化中达到完美的鲁棒性，而且房间里越是拥挤凌乱，系统就越容易糊涂。而且，仅仅在图像中识别出某处有一把手枪是不够的，还要知道这把枪是墙上画作的一部分（这时可以有把握将其忽略），还是桌子上摆放着的真实物体，还是在某人手中拿着用来瞄准另一人。除此之外，简单的物体识别系统完全搞不清楚场景中不同物体之间的关系：夹子里面的老鼠和夹子附近的老鼠是非常不同的；骑着马的人和拿着一只玩具马的人也是非常不同的。

但是，给场景之中的物体打标签，只不过是万里长征的第一步。态势感知的真正挑战，是要搞明白所有这些物体加总在一起所构成的意义。据我们所知，针对这一问题，至今几乎无人研究。而这一问题的难度也远远超出了现有的研究水平。我们不知道现在有哪个算法有能力对房间之中的火焰进行判断，并可靠地识别出这个房间里的火是在壁炉之中，能在阴冷的日子里给人以赏心悦目的温暖，而另一个房间里的火则需要立即被扑灭，并及时拨打火警电话。若想在当前主流方法论范畴内去解决这一问题，我们需要拥有关于不同类型住宅（木质、混凝土等）在不同类型火焰（油火、电火等）之中的大量标签数据集；没人拥有对火焰进行理解的通用系统。

而世界不断变化的本质，令态势感知变得难度更大。我们不能将世界视为一幅静止的快照，而是要将其当成一部情节不断向前延伸的电影，区分开哪些物体即将倾倒、哪些物体稳如磐石，区分开哪些车辆正在进入停车位、哪些车辆正在开出停车位。

机器人本身的状态也在不断变化（比如执行任务的过程中），同时还会促使其他变化的产生，而这就令一切变得更富挑战，因为机器人不仅要预测周遭世界的本质，而且还要预测自身行为会带来的后果。在工厂中，所有东西都在严密的控制之中，机器人的运转也相对简单：车门要么安全地连接在了底盘上，要么没接好。而在开放环境中，预测就成了真正的挑战：如果我想要找到咖啡，是否应该打开橱柜门？是否应该打开冰箱？是否应该打开蛋黄酱罐子？如果我找不到搅拌机的盖子，是否可以不用盖子直接按下搅拌键？还是找个盘子盖在搅拌机上面？哪怕是在工厂里，只要在意料之外的地方出现一个松动的螺丝，机器人也会遇到麻烦。在特斯拉 Model 3 生产过程中，马斯克将一开始遇到的问题归咎于"自动化程度太高"。[21] 我们怀疑，问题的很大一部分在于车辆建造的过程与环境是不断动态变化的，而机器人由于自身程序不够灵活，跟不上变化。

某些问题的答案可以通过现实世界的实践经验来发现，但 AI 不应该通过试错的方法来学习"把小猫放到搅拌机里有什么后果"这样的问题。在无须试验的情况下做出的可靠推断越多越好。在这类日常推理活动中，人类远远跑在我们所识识过的 AI 的前面。

还有一个尚未得到解决的更大挑战，就是搞清楚在任一给定时刻去做哪件事才最理想。**也就是第四个能力，复杂场景采取行动的能力。**从编程的角度来看，这一点实际上比我们想象的要难得多。

为了更好地理解假想中的机器人管家可能遇到的挑战，让我们一同来看下面三个场景。其中包含了我们向未来机器人提出的要求。

一号场景：埃隆·马斯克张罗了一场晚间派对，想要一位机器人管家给客人提供饮品和餐前小食。大部分时候，这项任务并不复杂：机器人端着装满食品饮料的盘子四处走动；机器人从客人处收回空盘子空酒杯；如果客人想要点喝的，机器人就去拿。乍看来，这样的一幕似乎离我们并不遥远。毕竟，现已停业的机器人公司"柳树车库"（Willow Garage）多年前曾发布过一个演示，里面就是他们的人形机器人 PR2 从冰箱里拿啤酒的场景。[22]

但是，就和无人驾驶汽车一样，真正的成功在于细节上的精准。真实的家庭环境和真实的客人是复杂而无法预测的。机器人 PR2 拿啤酒的过程则是经过精心编排的。房间里没有狗，没有猫，没有打碎的玻璃瓶，地上也没有孩子的玩具。据我们一位同事说，针对冰箱也做了特意安排，把啤酒瓶放在特别好拿的位置。[23] 但在真实世界中，随时可能发生大大小小出乎意料的事情。而这些事情很可能让机器人陷入混乱。如果机器人走进厨房去拿葡萄酒杯，发现杯子里有一只蟑螂，那么就需要制定一个之前从未执行过的计划，将蟑螂从杯子里倒出来，然后清洗杯子，倒满葡萄酒。机器人管家也可能发现杯子上有一个裂缝，在这样的情况下，就要将杯子安全地处理掉。但是，如今就连苹果公司所有最优秀的 iPhone 程序员都实现不了基于邮件文本自动可靠地创建日程活动，又怎么会有程序员确切地预计到上述这些偶发事件呢？

偶发事件的各种可能性是无穷无尽的。而这就是狭义 AI 的阿喀琉斯之踵。如果机器人管家看到有块饼干掉在地上，就需要搞明白怎样在不打扰客人的情况下捡起饼干并扔掉，或者，需要预见到，在这样拥挤的房间里捡起饼干这件事不值得费这个麻烦，因为这个举动很可能会引起客人们的骚动。关于这一问题，并没有简单易行的原则。如果机器看到地面上是一只昂贵的耳环，而不是一块饼干，那么此处的权衡又会发生变化。就算引起一阵骚动，也值得将地面上的耳环捡起来。

大多数时候，机器人都不会对人类造成伤害。但如果有个醉汉倒着走，没有看到身后有个正在往前爬的婴儿，又该怎么办？机器人管家就该在此刻及时干预，抓住喝高了的成年人，让孩子脱离险境。

太多可能发生的事情，是无法事先被一一列举出来的，也不可能全部从训练数据集中找到。机器人管家需要自己进行推理和预测，不能每次碰到一个需要做决策的小事就跑来请示人类的"众包工人"。从认知角度来说，如果机器人在埃隆·马斯克的豪宅中撑住一个晚上，也算是完成了一项了不起的任务。

当然，我们不可能每个人都买得起机器人管家，至少在价格下降百万倍之前是没有希望的。但是，我们可以去设想另外一个更加"落地"的场景。二号场景：老年人和残疾人的机器人同伴。假设布莱克最近不幸失明，需要机器人同伴帮他去商店买日用品。此处也是说起来容易做起来难，因为整个过程中可能会有各种各样的事情发生。首要的事是导航。在去往商店的路上，布莱克的机器人同伴将会遇到许多不同种类的障碍物。

一路上可能会有栅栏、水洼、坑洼、警察、听着音乐忘乎所以的路人、滑板上挥舞着胳膊的孩子。进到商店里面，需要在狭窄的过道中穿梭，识别出临时搭建而改变了商店布局的试吃摊、理货的员工，还有因为客人不小心摔碎一瓶果酱而跑来擦地的保洁员等。机器人同伴在找到自身路线的同时，还需要引导布莱克绕开这些障碍向前走。与此同时，布莱克还可能遇到前来搭话的老友、想要帮忙的陌生人、路边的乞丐、警察、友善的小狗、不友善的小狗、抢劫犯；其中每一个人和动物都要被识别出来，并以不同的方式予以对待。在商店里，需要伸手去拿东西（红辣椒、早餐谷物盒、冰激凌罐，对不同的商品来说，拿取的方式也不一样），并放到购物篮中，还要保证不将鸡蛋压碎，不将汤罐头放在香蕉上面。购物篮本身也需要识别，而不同商店所使用的购物篮在形状和大小上存在差别。同样，付款方式和商品装袋的细节在不同的商店中也各不相同。成千上万种可能发生的事件使得每次的购物体验都不一样，根本不可能事先全部预期和进行编程。

再来看看三号场景：福岛核灾难。请想象，一座建筑在地震中坍塌了一部分，一座核反应堆即将熔毁。被送入危机地带的救援机器人，必须要判断出哪些事情是可以安全操作的，哪些不可以。举例来说，是破门而入，还是凿壁穿墙，这样做是否会引发进一步的坍塌？是否能安全地爬上为人类设计的梯子？如果机器人找到了幸存者，应该做些什么？如果能清出一条路来，此人也许能自行走出；也有可能他被重物压住，需要将身上的东西移开；还有可能已经受伤，需要小心地将他扛出去。如果有好几个人，机器人就需要对伤员进行鉴别分类，在医疗资源有限的情况下，决定哪些伤员应该首先得到治疗、哪些暂时无须处理。如果有珍贵的财物，救援机器人应该对其价值进行考虑（这幅艺术作品是否独此一份、无可取代？），并对转移财物的紧迫性进行判断。要想做到，就需要深入理解这些充满未知和不可预见性的情况，以及不寻常的、特有的特征。

而且，机器人还要考虑到不采取行动和采取行动可能面临的危险。高质量的机器人管家应该能察觉圣诞树的矗立角度存在安全隐患，并及时予以调整，以防圣诞树倒下，甚至擦出火星、引起电火。

上述所有能力，都非现有机器人的长项，也不是驱动其发展的 AI 技术的长项。

在我们即将迎来 AI 65 周年的日子里，实际情况就是如此：机器人学家教会了机器人怎样搞清楚自己所在的位置，也基本教会了机器人去执行单一行为。

但是，在应对开放世界不可或缺的另外三个领域，机器人领域所取得的进展则要少得多。这三个领域是：对情况进行评估；对未来的各种可能性进行预测；随情况变化进行动态判断，判断在给定环境里，在许多可能的行动中，哪些行动最合理。

在给定场景中决定哪些行动是可能的、哪些行动是重要的，或在复杂而无法预测的环境中搞明白机器人应该做什么，是没有通用解决方案的。目前，机器人爬上楼梯或在不平整的地面上行走，虽然依旧面临挑战，但（在不断地艰苦努力下）还算可行。波士顿动力公司的原型机已经证明了这一点。但让机器人完全凭借自身的能力和判断去打扫厨房，难度则要大得多。

在有限的世界中，人们可以在记忆中存储下大量的偶发事件，并在事件中穿插对不熟悉场景的猜测。在真正的开放世界中，永远都不会有足够的数据。如果苹果汁发霉了，就算之前从来没见过这类事情，机器人也要搞清楚应该采取怎样的响应措施。然而，如果想通过一张简单的表格，列出在任何可能出现的情况下应该做什么，却又存在太多的可能性，很难穷举和记忆。①

我们尚未拥有通用机器人管家的真正原因，在于我们不知道如何让机器人能足够灵活到应对真实世界。各种可能性构成的空间无比巨大，非常开放，因此纯粹靠大数据和深度学习驱动的解决方案远远不够。同样，经典 AI 也有自身的问题，在某些情况下不堪一击。

---

① 国际象棋和围棋这样的游戏程序，也要应对之前没见过的情况。但在国际象棋和围棋中，可能出现的情况种类和行为选择都可以系统化地表述，行为的效果也能得到可靠的预测，而这些在真实的开放世界中都不适用。

认知模型和深度理解才是关键

上述所有事实，再一次指向了丰富认知模型和深度理解的重要性。就算在无人驾驶汽车的案例中，机器的内部模型也需要比 AI 在通常情况下所包含的内容要更加丰富。目前的系统基本局限于识别自行车、路人和其他移动车辆等常见物体。当其他类型的实体进入视野，这样的局限系统就无法做到真正的应对。举例来说，在 2019 年，特斯拉的自动巡航系统似乎对停在路边的消防车或广告牌等静止物体的识别具有局限性。特斯拉的第一场致命车祸，其原因很可能部分在于错将左转的卡车认成了广告牌，因为卡车的大部分体积都高出特斯拉之上。[24]

在机器人管家的案例中，其内在认知模型的丰富程度需要比自动驾驶汽车高得多。高速公路上只有为数不多的几种常见元素，而我们在客厅里却会看到椅子、沙发、茶几、地毯、电视、台灯、装满书籍的书架、鱼缸、宠物猫，还有各种各样的儿童玩具。在厨房里，我们会看到餐具、刀具、烹饪电器、橱柜、食物、水龙头、水池、更多的桌子椅子、猫粮碗，还有宠物猫。虽然厨房里的刀具一般只会出现在厨房之中，但若是一把刀被拿到了客厅，依然可以对人造成伤害。

从许多角度来看，我们在此处看到的案例也能反映出上一章关于阅读学习的内容。建造机器人和建造拥有阅读能力的机器，是完全不同的两类挑战。建造机器人需要更多的实体环节，更少的叙述和理解，还具有更大的潜在危险性——将滚烫的茶水洒在某人身上，比翻译过程中的小错误要严重得多。但尽管如此，我们还是见证了两者的殊途同归。

没有丰富的认知模型，就没有真正的阅读。同样，没有丰富的认知模型，就没有安全可靠的机器人管家。在认知模型的基础之上，机器人还需要具备我们所谓的"常识"：对世界的丰富理解，知道世界如何运转，在不同的环境之中可能发生什么事、不可能发生什么事。

现有的 AI 系统，没有一个具备上述全部能力。那么，究竟怎样的智能系统，才拥有丰富的认知模型和常识呢？答案就是——人类的心智。

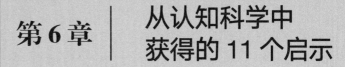

第 6 章 从认知科学中
获得的 11 个启示

Rebooting AI:
Building Artificial
Intelligence We
Can Trust

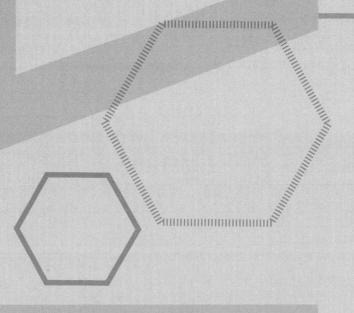

是怎样的神奇魔法让我们人类拥有了智慧？这个魔法，就是没有魔法。智慧的力量，源自我们无比巨大的多样性，而非源于任何一个单一的、完美的原则。

马文·明斯基，《心智社会》

　　2013 年，在我们二人开始展开合作后不久，便遇到了一场让人血液沸腾的"盛况"。亚历山大·维斯纳 – 格罗斯（Alexander Wissner-Gross）和卡梅伦·弗里尔（Cameron Freer）这两位学者共同撰写了一篇论文，认为每一种类型的智慧都是一种被称为"因果熵力"（causal entropic forces）的通用的实体过程的表现。[1] 在一段视频中，维斯纳 – 格罗斯称，以这一思想为基础打造出来的系统，能"直立行走、使用工具、合作、玩游戏、进行有用的社交介绍、在全球部署舰队，甚至可以通过股票交易挣钱，而无须人类予以指导"。[2] 论文发表之时，维斯纳 – 格罗斯成立了一家名为 Entropica 的创业公司。这家公司的野心极大，承诺在医疗、能源、智能、自动化国防、物流、交通、保险和金融领域推广"大范围应用"。[3]

　　媒体蜂拥而至。平日思想深刻的科学作家菲利普·鲍尔（Philip Ball）也一反常态，称维斯纳 – 格罗斯和他的联合作者已经"找到了让无生命物体采取行动，对自身未来进行预见的'定律'。[4] 如果这些物体遵守这一定律，就能表现出人类所从事的某些行为：比如合作或利用'工具'来执行任务"。TED 为维斯纳 – 格罗斯提供了展示其"全新智慧方程式"的舞台。[5]

但我们一个字也不信，而且直言不讳地表达了这一观点，在《纽约客》的一篇在线文章中毫不留情地揭穿了维斯纳 – 格罗斯的物理和 AI 理论。"维斯纳 – 格罗斯和弗里尔声称因果熵能解决大量问题，实际上就是在说，你家电视机能遛狗。"[6] 事后想来，我们其实可以用更加含蓄的说法来表达同样的意思。但五六年过去了，关于因果熵这个问题，我们再也没能找到一篇新的论文，也没有见到维斯纳 – 格罗斯关于因果熵的数学取得任何进展。Entropica 这家创业公司也已经销声匿迹，而维斯纳 – 格罗斯本人则跑去忙其他项目了。

像因果熵这样的思想，一直以来都对业余人士和科学家具有极大的吸引力，因为这类思想会让我们联想到物理学中的优雅、数学性和可预测性。媒体也爱极了因果熵这样的思想，因为听起来就像是经典的"大概念"，是可能改变整个世界的强大宣言，并且以简单便捷的形象示人，是针对真正复杂问题的潜在解决方案。谁不想成为下一个相对论的首发记者呢？

在不到一个世纪之前，同样的事情也在心理学领域发生过。当时，行为主义一时间流行起来。[7] 约翰斯·霍普金斯大学心理学家约翰·华生（John Watson）曾夸下海口，称仅通过精心控制孩子所处的环境，掌握好给予奖励和惩罚的时间地点，就能将任何孩子养育成任何样子。这背后的假定是，有机体可能去做的事情是关于其历史的简单明了的数学函数。因为某个行为得到的奖励越多，你继续采取这个行为的可能性就越大；因为某个行为受到的惩罚越多，你继续采取这个行为的可能性就越小。到了 20 世纪 50 年代后期，绝大多数美国大学的心理学系都充斥着用小鼠和鸽子进行精密量化行为实验的心理学家，他们想要通过这样的方法，用曲线图描述一切，并总结出精准的数学因果定律。[8]

20 年之后，在诺姆·乔姆斯基（Noam Chomsky）的打击下，行为主义几乎完全销声匿迹。个中原因我们随后讨论。在充满局限性的实验中在小鼠身上起效的方法，在研究人类的过程中根本毫无用处。奖励和惩罚的确有用，但还有太多其他能发挥影响力的事物。

用耶鲁大学认知科学家查兹·费尔斯通（Chaz Firestone）和布莱恩·肖勒（Brian Scholl）的话说，问题就在于"心智发挥作用没有统一的方法，因为心智本身就不是单一的。[9] 心智拥有不同的部分，而不同的部分也以不同的方法运转：看到某个色彩，其背后的工作原理和策划一场旅行是完全不同的，而策划一场旅行背后的工作原理又和理解语句、移动肢体、记住事实、体会情感是完全不同的"。没有哪个等式能涵盖住人类心智的多样性。

计算机不必用人类的方式去工作。计算机无须犯下影响人类思想的许多认知错误，比如证实偏见——忽略掉与你先前所知理论相悖的数据，也无须反映出人类心智的许多局限性，比如人类在记忆超过 7 项内容的列表时会遇到困难。机器没有理由用人类容易出错的方式来进行数学运算。人类在许多方面都并不完美，机器无须继承同样的缺憾。[10] 而人类心智在阅读和灵活思考方面远超机器，我们仍需深入了解人类心智在这方面的工作原理。

从认知科学中获得的 11 个启示

在此，我们提出从认知科学——心理学、语言学和哲学中提炼出来的 11 个启示。如果 AI 有朝一日能具备人类智慧的宽度和鲁棒性，那么我们认为这 11 个启示在 AI 的发展过程中有着至关重要的意义。

1. 没有银弹[①]

维斯纳－格罗斯和弗里尔的那篇论文，我们一看便知其内容言过其实。

行为主义也是一样，总想着大包大揽。为了达到自身的目的，有点灵活过度。仅凭动物的奖励行为历史，就可以对任何真实或想象中的行为进行解释，如果动物做了意想不到的事情，那就转而去强调历史中的另一个方面。不存在真实而有效的预测方法，只有许多在事情发生之后对其进行"解释"的工具。最后，行为主义实际上只给出了一个靠谱的说法，但这个说法又没什么实际应用价值。这个说法就是，包括人类在内的动物喜欢去做那些能得到奖励的事情。这一点儿都没错，在其他因素相同的情况下，人们会选择能得到更大奖励的那个选项。但这个说法无法帮我们解释人们怎么理解电影中的对话，怎么搞明白安装宜家书架时凸轮锁的使用方法。奖励的确是整个体系之中的一部分，但并非体系本身。维斯纳－格罗斯只是把奖励这个概念重新包装了一遍，用他的话说，有机体如果抵抗宇宙的混乱（熵），就会获得奖励。我们谁也不想化为尘埃，我们都会抵抗混乱，但这并不能解释人类是如何做出个体选择的。

在我们看来，深度学习也落入了"寻找银弹"的陷阱，用充满"残差项"和"损失函数"等术语的全新数学方法来分析世界，依然局限于"奖励最大化"的角度，而不去思考，若想获得对世界的"深度理解"，整个体系中还需要引入哪些东西。

神经科学研究让我们懂得，大脑是极为复杂的，常常被人们称作宇宙中已知的最复杂的系统。这样的说法很有道理。人类大脑平均拥有成百上千种

---

① 《没有银弹》（No Silver Bullet）是软件工程领域的一篇经典论文，强调由于软件的复杂性本质，没有任何单一技术突破可以让软件工程效率获得数量级的提升。——译者注

不同类别的约 860 亿个神经元，数万亿个突触，每个突触中有数百种不同的蛋白质。[11-13] 每一个层级都包含巨大的复杂性。同时，还有 150 多个可识别的不同脑区，以及脑区之间大量错综复杂的连接网。[14-15] 正如神经科学先驱圣地亚哥·拉蒙 – 卡哈尔（Santiago Ramón y Cajal）在 1906 年诺贝尔奖获奖感言中所说："可惜的是，大自然似乎并没有意识到我们在智力需求上对便利和统一的向往，经常在复杂和多样性中寻找快感。"[16]

真正拥有智慧和复杂性的系统，很可能就像大脑一样充满复杂性。任何一个提出将智慧凝练成为单一原则的理论，或是简化成为单一"终极算法"的理论，都将误入歧途。

2. 认知大量利用内部表征

对行为主义一击致命的，是 1959 年乔姆斯基写的一篇书评。[17] 乔姆斯基的攻击目标是"语言行为"。当年在全世界占据领导地位的心理学家 B.F. 斯金纳（B.F. Skinner）曾试图用语言行为理论来解释人类的语言。[18]

乔姆斯基的批判核心是围绕着这样一个问题展开的：人类语言是否可以严格地仅从个体的外部环境中所发生历史的角度去理解。所谓外部环境，指的是人们说了什么，他们得到了什么样的回应。换句话说，理解个体内部的心理结构是否重要。乔姆斯基在他的结语中，着重强调了这样一个观点："我们将一个新事物识别为一个句子，并不是因为它以简单的形式与我们所熟悉的某个事物相匹配，而是因为它是由语法生成的，而每个人都以某种方式、某种形式将语法内在化了。"

乔姆斯基认为，只有理解了这种内在的语法，我们才有希望了解孩子是如何学习语言的，仅仅靠刺激和响应的历史，永远不会让我们达到这个目标。

在行为主义应声陨落时，取而代之的是一个全新的领域——认知心理学。行为主义曾试图完全根据外部奖励历史来对行为进行解释（刺激和响应，可能会让读者想起深度学习在当下应用中非常流行的"监督学习"），而认知心理学则主要关注内部表征，如信念、欲望和目标。

本书中，我们一次又一次地看到，机器学习，尤其是神经网络，试图以过少的表征来搞定一切，这会导致什么样的结果。从严格的技术意义上讲，神经网络也具有表征，比如表示输入、输出和隐藏单元的向量，但几乎完全不具备更加丰富的内容。例如，没有任何直接的方法来表征认知心理学家所谓的命题（proposition），这些命题用以描述实体之间的关系。例如，若要在经典人工智能系统中表示美国总统约翰·肯尼迪 1963 年著名的柏林之行——当时他说了一句"我是柏林人"，可以加上一组命题，例如"是……的一部分"（柏林，德国）和"拜访"（肯尼迪，柏林，1963 年 6 月）。在经典人工智能中，知识完全是由这类表征的积累所组成的，而推理则是建立在此基础之上的。以此为基础，推断出肯尼迪访问德国，就是轻而易举的了。

深度学习试图用一堆向量来模糊处理这个问题，这些向量会粗略捕捉一些信息，但永远不会直接表示出类似"拜访"（肯尼迪，柏林，1963 年 6 月）这样的命题。赶上好时候，深度学习中常见的那种变通方法或许可以正确推断出肯尼迪访问过德国，但却不具备可靠性。遇上运气不好的时候，纯粹的深度学习就会犯糊涂，甚至推断肯尼迪访问过东德（这在 1963 年是完全不可能的），或者他的兄弟罗伯特访问过波恩，因为所有这些可能性都在所谓的向量空间附近。你不能指望通过深度学习来进行推理和抽象思考，因为它一开始就不是为了表征精确的事实知识而存在的。

如果事实本身模糊不清，得到正确的推理就会难于上青天。外显表征的缺失，也在 DeepMind 的雅达利游戏系统中造成了类似的问题。DeepMind

的雅达利游戏系统之所以在《打砖块》这类游戏的场景发生稍许变化时便会崩溃，原因就在于它实际上根本不表征挡板、球和墙壁等抽象概念。

没有这样的表征，就不可能有认知模型。没有丰富的认知模型，就不可能有鲁棒性。你所能拥有的只是大量的数据，然后指望着新事物不会与之前的事物有太大的出入。当这个希望破灭时，整个体系便崩溃了。

在为复杂问题构建有效系统时，丰富的表征通常是必不可少的。DeepMind 在开发以人类（或超人）水平下围棋的 AlphaGo 系统时，就放弃了先前雅达利游戏系统所采用的"仅从像素学习"的方法，以围棋棋盘和围棋规则的详细表征为起步，一直用手工的机制来寻找走棋策略的树形图和各种对抗手段。[19] 正如布朗大学机器学习专家斯图尔特·杰曼（Stuart Geman）所言："神经建模的根本挑战在于表征，而不是学习本身。"[20]

3. 抽象和概括在认知中发挥着至关重要的作用

我们的认知大部分是相当抽象的。例如，"X 是 Y 的姐妹"可用来形容许多不同的人之间的关系：玛利亚·奥巴马是萨沙·奥巴马的姐妹，安妮公主是查尔斯王子的姐妹，等等。我们不仅知道哪些具体的人是姐妹，还知道姐妹的一般意义，并能把这种知识用在个体身上。比如，我们知道，如果两个人有相同的父母，他们就是兄弟姐妹的关系。如果我们知道劳拉·英格斯·怀德是查尔斯·英格斯和卡罗琳·英格斯的女儿，还发现玛丽·英格斯也是他们的女儿，那么我们就可以推断，玛丽和劳拉是姐妹，我们也可以推断：玛丽和劳拉很可能非常熟识，因为绝大多数人都和他们的兄弟姐妹一起生活过；两人之间还可能有些相像，还有一些共同的基因特征；等等。

认知模型和常识的基础表征都建立在这些抽象关系的丰富集合之上，以复杂的结构组合在一起。人类可以对任何东西进行抽象，时间（"晚上

10:35")、空间("北极")、特殊事件("亚伯拉罕·林肯被暗杀")、社会政治组织("美国国务院""暗网")、特征("美""疲劳")、关系("姐妹""棋局上击败")、理论("马克思主义")、理论构造("重力""语法")等,并将这些东西用在句子、解释、比较或故事叙述之中,对极其复杂的情况剥丝抽茧,得到最基础的要素,从而令人类心智获得对世界进行一般性推理的能力。

在撰写这本书的时候,我们在马库斯家里进行了下面这一段对话。当时,马库斯的儿子亚历山大 5 岁半:

> 亚历山大:"及胸的水深"是啥意思?
>
> 妈妈:及胸就是说水到了你胸口的位置。
>
> 爸爸:每个人都不一样。相对我而言,及胸的水深就比相对你而言的要高一些。
>
> 亚历山大:你的及胸水深,就是我的及头水深。

基于少量输入对新概念进行创造和扩展,同时进行概括,这种灵活性才是人工智能应该努力获取的。

4. 认知系统是高度结构化的

在《思考,快与慢》(*Thinking, Fast and slow*)中,丹尼尔·卡尼曼将人类的认知过程分为两类:系统 1 和系统 2。[21] 系统 1,也就是快系统的过程,执行得很快,通常是自动进行的。人类的大脑会直接去做,你根本感觉不出来自己是怎么做到的。当你看外面的世界时,你立刻就能理解面前的景象;当你听到母语的讲话时,马上就能理解对方在说什么。你无法控制这个过程,你也不知道自己的大脑是如何运作的。事实上,你根本意识不到大脑在工作。系统 2,也就是慢系统的过程,需要有意识的、按部就班的思考。当系统 2 被调用时,你会有一种思考的意识:例如试图找到谜语的答案,算出数学题的解，或者慢慢阅读一门你并不十分熟悉的外语，必须频繁查阅生词。①

关于这两类系统，我们觉得用"本能反射"和"深思熟虑"这两个说法更加恰当，因为这样说更便于记忆，但无论冠以怎样的称呼，人类在面对不同问题时都会调用不同的认知能力，这一点毋庸置疑。[22] AI 先驱马文·明斯基甚至认为，我们应该将人类认知视为一个"心智社会"，其中有数十到数百种不同的"智能体"（agent），每种智能体都专门执行不同类型的任务。[23] 例如，喝茶需要依靠抓握智能体、平衡智能体、口渴智能体和一系列运动智能体之间的互动。霍华德·加德纳（Howard Gardner）的多元智能理论，罗伯特·斯滕伯格（Robert Sternberg）的智力三段论以及进化和发展心理学中的许多研究，都指向了同一个广阔的方向：心智并非一件事物，而是由许多东西所组成的。[24-26]

神经科学则描绘出一幅更为复杂的图景。为进行任何一种计算，大脑中成百上千个不同区域以不同的模式联合在一起，每个区域都有自己独特的功能："平时人们只调用大脑的 10%"这样的说法是不正确的。事实情况是，大脑活动需要消耗巨大的新陈代谢成本，因此我们几乎不可能同时调用整个大脑。我们所做的每件事都需要调用大脑资源中的不同子集，在任一给定时刻，总有一些大脑区域是空闲的，而另一些是活跃的。[27] 枕叶皮层在视觉方面很活跃，小脑在运动协调方面很活跃，以此类推。大脑是一个高度结构化的装置，而我们的大部分智力能力源自在正确的时间调用了正确的神经工具。我们可以预期，真正的人工智能很可能也是高度结构化的，在应对给定的认知挑战时，其大部分能力也将源自在正确的时间以正确的方式对这种结

---

① 虽然我们很清楚大脑是高度结构化的，但并不确切地了解大脑是如何构成的。大自然巧夺天工的进化过程，并不是为了方便我们对大脑进行解剖而设计的。就连一些最明确的结构性分区也存在某种程度上的争议，例如，系统 1-2 分隔理论的一个版本，最近就被该理论的一位创始人严厉批评。

构进行利用。

　　具有讽刺意味的是，当前的趋势与这样的愿景几乎完全相反。现在的机器学习界偏向于利用尽可能少的内部结构形成单一同质机制的端到端模型。英伟达 2016 年推出的驾驶模型就是一个例子，该模式摒弃了感知、预测和决策等经典的模块划分，而是使用了单一的、相对统一的神经网络，避开了通常情况下的内部工作分工，偏重于学习在输入（像素）和一组输出（转向和加速的指令）之间的更为直接的关联。这类系统的支持者，指出了"联合"训练整个系统相较于分别训练一堆模块（感知、预测等）的优势。[28]

　　在某种程度上，这样的系统从概念上来看更简单，用不着为感知、预测等分别设计单独的算法。而且，初看起来，该模型大体上效果还算理想，有一部令人印象深刻的视频似乎也证明了这一点。那么，既然用一个庞大的网络和正确的训练集就能简单易行地达到目标，为什么还要将感知、决策和预测视为其中的独立模块，然后费心费力地建立混合系统呢？

　　问题就在于，这样的系统几乎不具备所需的灵活性。英伟达的系统一次可以正常工作好几个小时，无须人类司机太多的干预，但无法像 Waymo 的模块化系统那样正常工作数千个小时。Waymo 的系统可以从 A 点导航到 B 点，途中对诸如更换行车道之类的事情进行处理，但英伟达的系统只能始终走在一条车道上，虽说走直道的能力很重要，但这只是驾驶过程中的一小部分而已。（此类端到端系统也更难调试，我们稍后将对此进行讨论。）

　　在关键的应用场景中，最优秀的 AI 研究人员致力于解决复杂问题时，常常会使用混合系统，我们预期，这样的情况在未来会越来越多。举例来说，DeepMind 能够在某种程度上避开混合系统来解决雅达利游戏的问题，从像素到游戏分数再到操纵杆都进行端到端训练，却不能用类似的方法来下围棋，因为围棋在许多方面都比 20 世纪七八十年代的低分辨率雅达利游戏更为复杂。[29-30] 比如，围棋中有更多可能存在的棋局，每一步行动都可能带来更复杂的结果。纯端到端系统，再见啦；混合系统，你好啊。

在围棋中获得胜利需要将深度学习和蒙特卡罗树搜索（Monte Carlo Tree Search）两种理念融合为一体。蒙特卡罗树搜索是从包含棋局各种可能的树形分支中抽取可能性的技术。蒙特卡罗树搜索本身也是两种思想的混合体，而这两种思想都可以追溯到 20 世纪 50 年代：游戏树搜索是一种教科书式的人工智能技术，用以预测玩家未来可能采取的行动；蒙特卡罗搜索则是运行多个随机模拟并统计结果的常见方法。无论是深度学习还是蒙特卡罗树搜索，哪个技术单独拿出来用都不可能造就世界围棋冠军。从中我们发现，AI 和大脑一样，必须要有结构，利用不同的工具来解决复杂问题的不同方面。[①]

5. 即便是看似简单的认知，有时也需要多种工具

人们发现，即使在极为精细的颗粒尺度上，认知机制往往也并非单一机制，而是由许多机制组成的。

以动词及其过去时形式为例，这是一个看似普通的系统，史蒂芬·平克曾将其称为语言学中的果蝇，因为这是一个简单的"模型有机体"，可以让我们从中学到很多东西。[31] 在英语和许多其他语言中，一些动词利

---

① 说到专业术语，无论系统有多么复杂，只要包含一点深度学习，深度学习的倡导者都会称其为深度学习，不管深度学习在整个大系统中扮演什么样的角色，就算其他传统元素发挥着至关重要的作用，也会用"深度学习"这个说法予以概括。在我们看来，这就像是仅仅因为变速器在汽车里发挥着重要作用就称汽车为变速器一样，或者仅仅因为人没有肾脏就活不下去就称人为肾脏一样。肾脏对人类生物学的重要性是毋庸置疑的，但这并不意味着整体医学研究都应该改头换面，转变成肾脏学。我们预计，深度学习将在混合人工智能系统中发挥重要作用，但这并不意味着混合人工智能系统将完全依赖于深度学习，甚至不意味着在很大程度上依赖于深度学习。深度学习更可能是智能的必要条件，而不是充分条件。

用简单的规则来构成过去时，如 walk–walked、talk–talked、perambulate–perambulated，等等；还有一些动词的过去时不遵守规则，如 sing–sang、ring–rang、bring–brought、go–went，等等。马库斯在跟随平克读博士时，研究重点就是儿童的过度规则化错误，在这种错误中，不规则动词被孩子们当作规则动词来处理，例如将 broke 说成 breaked，将 went 说成 goed。[32] 在数据分析的基础上，马库斯和平克提出了混合模型理论。该理论指出了微观层面上的一点点小结构：规则动词利用规则泛化来改变时态，就像计算机程序和经典 AI 中一样，而不规则动词通过联想网络来改变时态，这基本相当于深度学习的前身。这两种不同的系统共存互补：非规则性需要利用记忆（内存）能力，而规则性即使在几乎没有直接相关数据可用的情况下也能进行泛化。

同样，大脑也利用几种不同的模式来处理概念，利用定义，利用典型特征，或利用关键示例。我们经常会同时关注某个类别的特征是什么，以及为了令其满足某种形式的标准，必须符合什么条件。蒂娜·特纳奶奶穿着超短裙翩翩起舞。她可能看起来不像一位典型的老奶奶，但她能很好地满足关系上的定义：她有孩子，而且她的孩子也有孩子。

AI 面临的一个关键挑战，就是在捕捉抽象事实的机制（绝大多数哺乳动物是胎生）和处理这个世界不可避免的异常情况的机制（鸭嘴兽这种哺乳动物会产卵）之间，寻求相对的平衡。通用人工智能既需要能识别图像的深度学习机制，也需要能进行推理和概括的机制，这种机制更接近于经典人工智能的机制以及规则和抽象的世界。

杰米斯·哈萨比斯最近讲道："真正的智能远远不只是深度学习所擅长的感知分类，我们必须对其进行重新组合，形成更高级的思考和符号推理，也就是 20 世纪 80 年代经典人工智能试图解决的那些问题。"[33] 要获得适用范围更广的 AI，我们必须将许多不同的工具组织在一起，有些是老旧的，有些是崭新的，还有一些是我们尚未发现的。

6. 人类思想和语言是由成分组成的

在乔姆斯基看来，语言的本质，用更早期的一位语言学家威廉·冯·洪堡（Wilhelm von Humboldt）的话来说，就是"有限方法的无限使用"。[34] 凭借有限的大脑和有限的语言数据，我们创造出了一种语法，能让我们说出并理解无限的句子，在许多情况下，我们可以用更小的成分构造出更大的句子，比如用单词和短语组成上面这句话。如果我们说，"水手爱上了那个女孩"，那么我们就可以将这句话作为组成要素，用在更大的句子之中，"玛丽亚想象水手爱上了那个女孩"，而这个更大的句子还可以作为组成要素，用在还要大的句子之中"克里斯写了一篇关于玛丽亚想象水手爱上了那个女孩的文章"，以这样的方式接着类推，每一句话我们都可以轻松理解。

与之相对的，是神经网络先驱学者杰弗里·欣顿。欣顿在其研究领域中的地位，和乔姆斯基在语言学领域的地位一样，他们都是高高在上的领导者。最近，欣顿一直在为他提出的"思维向量"而发声。[35] 向量就是一串数字，比如 [40.7128° N, 74.0060° W]，这是纽约市的经纬度，或者 [52419，663268，……24230，97914]，这是按字母顺序排列的美国各州的平方英里①面积。在深度学习中，每个输入和输出都可以被描述为一个向量，网络中的每个"神经元"都为相关向量贡献一个数字。由此，许多年以来，机器学习领域的研究人员一直试图将单词以向量的形式进行编码，认为任何两个在意义上相似的单词都应该使用相似的向量编码。如果"猫"被编码为 [0,1，−0.3，0.3]，那么"狗"可能就会被编码为 [0,1，−0.35，0.25]。伊利亚·苏茨科弗和托马斯·米科洛弗（Tomas Mikolov）当年在谷歌时，开发了一门叫作 Word 2 Vec 的技术，允许计算机高效、迅速地以词汇附近经

---

① 1 平方英里 = 2.59 平方千米。——编者注

常出现的文本为基础，给出这类词汇的向量，其中每一个词汇的向量都由数百个真实的数字构成①。[36]

在某些情况下，这种方法还不错。以"萨克斯"这个词为例。从大量英语文本资料之中，我们发现，萨克斯这个单词常常出现在"演奏"和"音乐"等动词，以及约翰·科尔特兰（John Coltrane）和凯丽·金（Kenny G）等人名附近。大规模数据库中，萨克斯的统计数据与小号和单簧管的统计数据接近，而与电梯和保险的统计数据相去甚远。搜索引擎可以使用这种技术或是此技术的改编版来识别同义词。得益于这些技术，亚马逊的产品搜索也变得更加精准。[37]

然而，Word2Vec 真正出名的地方，在于人们发现这门技术似乎可以用在语言类比上，比如"男人对女人就像国王对＿＿一样"。如果你把代表国王和女人的数字加起来，减去代表男人的数字，再去寻找最近的向量，很快就得到了答案——王后，根本不需要任何关于国王是什么或女人是什么的明确表征。②传统人工智能研究人员花费数年时间试图定义这些概念，而 Word2Vec 则貌似解决了这个棘手的难题。

在这些结论的基础之上，欣顿尝试着将这一观点进行泛化。与其用复杂的树形图来表征句子和思想，不如用向量来表征思想，因为复杂的树形图与神经网络之间的互动并不理想。欣顿在接受《卫报》采访时表示："如果用巴黎的向量减去法国的向量，再加上意大利，就能得到罗马。非常了不起。"[38]

---

① 人们还用到许多其他技术将单词编码为向量，这种向量编码方法通常被称为"嵌入"。有些更复杂，有些更简单，但利用计算机都会实现更高的效率。每种方法的结果略有不同，但其本质上的局限性是相似的。

② 两个向量相减的结果可以表示相对关系，女人－男人＝王后－国王，所以，国王＋女人－男人＝王后。——译者注

欣顿指出，类似的技术被谷歌所采用，并体现在了谷歌最近在机器翻译方面取得的进展之中。那么，为什么不以这种方式来表征所有的思想呢？

因为句子和单词不同。我们不能通过单词在各类情况下的用法来推测其意思。例如猫的意思，至少与我们听说过的所有"猫"的用法的平均情况有些许相似，或（从技术角度讲）像是深度学习系统用于表征的矢量空间中的一堆点。但每一个句子都是不同的：John is easy to please（约翰很好哄）和 John is eager to please（约翰迫不及待的想要取悦别人）并不是完全相似的，虽然两句话中的字母乍看去并没有多大区别。John is easy to please 和 John is not easy to please 的意思则完全不同。在句子中多加一个单词，就能将句子的整个意思全部改变。

这些观点和观点之间微妙的关系太复杂了，无法通过简单地将表面上相似的句子组合在一起来捕捉。我们可以把"桌子（table）上的书"和"书上的表格（table）"区分开来，也可以将这两句话和"不在桌子上的书"区分开来，还能将上面每一句话和下面这段话区分开来："杰弗里知道弗雷德根本不在乎桌子上的书，但是他非常关注那个非常特别的大鱼雕塑，现在，雕塑上摇摇欲坠地摆着一个桌面，而且这个桌面还有些向右倾斜，随时都可能翻倒。"这些句子可以表现为无数种形式，每句话都有不同的含义，而这些句子所体现的整体思想又与句中各部分的统计平均值截然不同。①

---

① 实际上，哪怕只是回到单词上，在尝试将复杂概念通过向量进行映射时，也存在严重的问题。如果从国王和女人的和中减去男人的运算碰巧得出了正确的结论，那么在这个特殊的例子中，把单词翻译成向量的系统从整体上看也不具备鲁棒性。针对"矮"对"高"相当于"美"对 _____ 这样一个类比，Word 2 Vec 给出的排名前五答案分别是"高""美丽绝伦""可爱""美得惊人""壮丽"，而不是"丑"。"灯泡"对"光"相当于"收音机"对 _____，得出了"光""调频""收音机""广播电台"，而正确答案应该是"声音"或"音乐"。而且，令人忧心的是，系统认为"道德"更接近于"不道德"，而不是"善"。不管再怎么大肆宣传，事实真相是，Word 2 Vec 连反义词这样的基本概念都没有掌握。

　　恰恰是因为这个原因，语言学家通常用树形分支图来表征语言（通常将根部绘于顶端）：

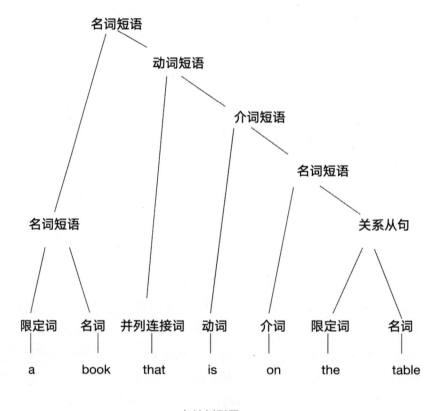

句法树形图

　　在这个框架中，句子中的每个成分都有自己的位置。我们很容易将不同的句子区分开来，并确定句中元素之间的关系，就算两个句子共享大部分或全部单词也没问题。深度学习在没有这种高度结构化句子表征的情况下工作，往往会在处理细微差别时遇到问题。

　　例如，情绪分析器是利用深度学习实现的系统，将句子语气分类为积极或消极。每个句子都被转换成一个向量。研究人员的想法是将积极的句子（"好喜欢！"）由一组聚为一处的向量表示，消极的句子（"好讨厌！"）由另一组聚于另一处的向量表示。每当出现一个新句子时，简单来说，系统只需测试这个句子是更接近于正向量集还是负向量集。

　　许多输入的句子语气是很明显的，也被正确地分了类，但句子中的细微差别往往会随之消失。这样的系统不能区分"我在心生厌恶之前还是很感兴趣的"（关于电影情节急转直下的负面评论），和"我在感兴趣之前还是很厌恶的"（关于电影的一个更为积极的评价，说的是影片开头没什么意思，随着情节的发展逐渐开始扣人心弦），因为这样的系统不会分析句子的结构，不会考虑句子成分之间的关系，也不明白句子的意思来源于句子的成分。

　　这个例子告诉我们：统计数字经常能近似地表示意义，但永远不可能抓住真正的意思。如果不能精准地捕捉单个单词的意义，就更不能准确地捕捉复杂的思想或描述它们的句子。[39] 正如得克萨斯大学奥斯汀分校计算语言学家雷·穆尼（Ray Mooney）用通俗语言说出的大道理："不可能把整句的意思全部塞进一个向量里！"[40] 这样的要求有点太过了。①

7. 对世界的鲁棒理解，既需要自上向下的信息，也需要自下而上的信息

　　看一看这幅图片。[41] 这是个字母，还是个数字？

---

① 严格来说，其实可以做到的，利用哥德尔编码等技术，将每个句子映射到以高度结构化的方式计算得出的数字上，但这样做的代价非常高昂，需要放弃相似句子之间的数值相似度，而这正是被反向传播驱动的系统所依赖的。

字母 B 还是数字 13？

很明显，这幅图片既可以是字母，也可以是数字，具体取决于它所在的上下文。

理解取决于上下文

认知心理学家将知识分为两类：自下而上的信息，是直接来自我们感官的信息；还有自上而下的知识，是我们对世界的先验知识，例如，字母和数字是两个不同的类别，单词和数字是由来自这些类别之中的元素所组成的，等等。这种模棱两可的 B/13 图像，在不同的上下文中会呈现出不同的面貌，因为我们会尝试着将落在视网膜上的光线与合乎逻辑的世界相结合。

从心理学教科书中，我们会看到很多例子。比如，在一个经典实验中，研究人员要求人们看这样的照片，先将图片与特定短语相对应，再将图片记在脑海中，比如最底下那幅图对应的特定短语是太阳或船舵，最上面那幅图对应的特定短语是窗中的帘子或矩形中的钻石。[42]

存在多种理解方式的图片

人们如何对这些图片进行重建，很大程度上取决于他们得到的标签：

图片的重建方式取决于上下文

我们最喜欢的关于上下文感知重要性的演示，源自麻省理工学院安东尼奥·托拉尔瓦（Antonio Torralba）的实验室。[43] 演示中有一幅图片，图中湖泊涟漪的形状有些像汽车，其相似程度足以在视觉系统中蒙混过关。如果你将图片放大，仔细观察涟漪的细节，确实会发现斑驳的光点看上去像汽车，但不会有人真的认为这是一辆汽车，因为我们知道汽车不可能在湖泊中穿梭。

再举一个例子，看看我们从茱莉亚·蔡尔德（Julia Child）家的厨房图片中提取的细节。

茱莉亚·蔡尔德的厨房

　　你能认出下面这些图中的局部吗？当然没问题。左边的图片是厨房的桌子，桌子旁边放着两把椅子（以及远处第三把椅子的顶部，在图片中是几乎看不出来的边角），桌子上面摆放着一个餐垫，餐垫上摆放着一个餐盘。右边的图片就是桌子左边的椅子。

厨房图片中的细节

　　但仅仅凭借桌子和椅子的像素，并不能告诉我们这些内容。如果我们用亚马逊的照片检测软件 Rekognition，软件会将左边的照片标注为"胶合板"，置信度为 65.5%，将右边的照片标注为"土路"或"砾石"，置信度为 51.1%。[44] 在没有上下文的情况下，像素本身并没有什么意义。

　　同样的道理也适用于我们对语言的理解。上下文可发挥作用的一个领域，就是前面提到过的歧义的消除。前几天，我俩中的一人在乡间小路上看到写着"free horse manure"（免费马粪）的标牌，从逻辑上讲，这个说法可能代表对于"free"（释放）的呼吁，其语法与"释放纳尔逊·曼德拉"（Free Nelson Mandela）相同，也可能是主人将不再需要的马粪免费（free）赠予他人。我们很容易就能分辨出是哪一种，因为马粪并不渴望自由。①

　　对于非文字语言的理解而言，关于世界的知识也是至关重要的。当一位餐厅服务员对另一位服务员说"烤牛肉想要咖啡"时，没人会以为有个烤牛肉三明治突然感觉口渴。我们推断这句话的意思是，点烤牛肉的人想喝杯饮料。关于这个世界的了解会让我们知道，三明治本身并没有任何信念或欲望。

　　用语言学的专业术语来说，语言往往是"部分指定的"（underspecified），也就是说，我们不会将想要表达的意思全部说出来，相反，我们会将大部分意思融入上下文，因为若要将所有内容说得一清二楚，永远也说不完。[45]

　　自上而下的知识也会影响我们的道德判断。比如，大多数人认为杀戮是错误的，而许多人会将战争、自卫和复仇之中的残杀视为特例。如果我凭空说出邓坚强杀死了唐坚毅，你会认为这种杀戮行为是错的。但是，如

---

① 就此而言，该语义是"免费赠送的马粪"，这说明我们的大脑足够聪明，能够自动忽略另一种可能性。

果你在一部好莱坞电影中看到邓坚强杀死唐坚毅的情节，而在此之前唐坚毅先残暴地杀害了邓坚强的家人，那么当邓坚强扣动扳机进行报复的那一刻，你很可能会激动得欢呼雀跃。偷窃是不对的，但罗宾汉是个很酷的角色。我们理解事物的方式，很少是孤立地使用自下而上的数据，比如谋杀或盗窃的发生，而是将这些数据与更抽象、更高层次的原则相结合。找到一种方法将自下而上和自上而下两者整合为一体，是人工智能的当务之急，却常常被人忽视。

8. 概念嵌于理论之中

从维基百科来看，"quarter"（在此作为美国货币的单位）是"一枚价值25 美分的美国硬币，直径大约 1 英寸[①]"，"比萨"是"源自意大利的美食"。绝大多数比萨是圆形，少数是矩形，还有一些不太常见的是椭圆形或其他形状。这些圆形比萨的直径一般在 6 英寸到 18 英寸之间。然而，正如西北大学认知心理学家兰斯·里普斯（Lance Rips）曾指出的一样，我们很容易想象出一个直径正好相当于一枚 25 美分硬币那么大的比萨，说不定还很想品尝这样一道小巧的开胃菜。[46] 另一方面，你永远不会接受一个比标准 25 美分硬币面积大 50% 的硬币复制品作为合法货币，而是会将这个假硬币认作质量低劣的仿冒品而不予理睬。

其中一部分原因，在于你对金钱和食物有着不同的直觉理论。你的货币理论告诉你，我们愿意用有形的有价值的东西，如食物，来交换表示抽象价值的标记物，如硬币和纸币，但交换依赖于标记物的合法性。这种合法性部分取决于标记物由特殊的权威机构，比如铸币厂所发行，而我们评估这种合法性的方式，部分在于我们期望标记物能满足确切的要求。由此可见，25美分的硬币不可能与比萨的大小一样。

[①] 1 英寸 = 2.54 厘米。——编者注

用比萨饼那么大的 25 美分硬币来支付 25 美分硬币那么大的比萨饼

心理学家和哲学家一度试图严格按照"必要和充分"条件来定义概念：正方形必须有 4 条等边，两边夹角成 90 度；点与点之间的最短距离是直线。任何符合标准的都是合格的，不符合标准的都是不合格的；如果任意两条边不相等，就不是正方形。但学者们在定义不那么数学化的概念时，就遇到了麻烦。很难给一只鸟或一把椅子定出确切的标准。

另一种定义概念的方法，就是参照特定的示例，要么是中心示例，比如知更鸟是典型的鸟类，要么是一组示例，比如你见过的所有鸟类。[47] 自 20 世纪 80 年代以来，许多人都赞同"概念嵌于理论之中"的观点。我们也是这一观点的忠实拥趸。我们的大脑能很好地跟进单个的示例和原型，但我们也能根据它们所嵌入的理论来推断出概念，比如比萨和 25 美分硬币的例子。再举一个例子，我们可以理解一个生命体拥有独立于其全部感知属性的"隐藏的本质"。

在一个经典实验中，耶鲁大学心理学家弗兰克·凯尔（Frank Keil）问孩子们，如果给一只浣熊做整容手术，让它看起来和臭鼬一样，并在其身体中植入"超级臭"的东西，那么这只浣熊是否就变成了一只臭鼬。[48]孩子们相信，虽然这只浣熊有着不一样的感知外表和气味等功能特性，但浣熊仍然是一只浣熊。这样的结论可能是孩子们的生物学理论使然，孩子们知道，真正重要的是生物体内在的东西。一项重要的对照研究表明，孩子们并没有将同样的理论扩展到人类制造的人工制品上，比如通过金属加工改造将咖啡壶变成喂鸟器。

我们认为，嵌入在理论中的概念对有效学习至关重要。假设一位学龄前儿童第一次看到鬣蜥的照片。从此之后，孩子们就能认出其他照片上的、视频中的和现实生活中的鬣蜥，而且准确率相当高，很容易就能将鬣蜥与袋鼠甚至其他蜥蜴区分开来。同样，孩子能够从关于动物的一般知识中推断出，鬣蜥会吃东西，会呼吸，它们生下来很小，会长大，繁殖，然后死去，并意识到可能有一群鬣蜥，它们看起来或多或少都有些相似，行为方式也相似。

没有哪个事实是一座孤岛。通用人工智能若想获得成功，就需要将获取到的事实嵌入到更加丰富的、能帮助将这些事实组织起来的高层级理论之中。[49]

9. 因果关系是理解世界的基础

图灵奖得主朱迪亚·珀尔（Judea Pearl）提出，对因果关系的丰富理解是人类认知中无处不在、不可或缺的一个方面。[50]如果世界是简单的，我们对其中的一切都有充分的了解，那么唯一需要的因果关系就只有在物理学里面了。我们可以通过模拟来确定什么对什么产生了影响，比如，如果我施加这么多微牛顿的力，接下来会发生什么？

但正如我们将要讨论的，这种细致的模拟往往并不现实可行。真实世界中有太多的粒子，无法一一追踪，而且时间也不够。

为此，我们会使用近似法。虽然我们不知道确切原因，但我们知道事物之间是因果相关的。我们服用阿司匹林，因为我们知道这种药物会让我们感觉好一些，而不需要了解背后的生物化学原理。绝大多数成年人，就算并不了解胚胎发育的确切机制，也知道性行为会导致婴儿的诞生，就算相关知识并不全面，也能根据这些知识来采取行动。我们不是医生，也知道维生素 C 可以预防坏血病，不是机械工程师，也知道踩下油门可以让汽车跑得更快。因果知识无处不在，是我们所做的许多事情的基础。

在劳伦斯·卡斯丹（Lawrence Kasdan）的经典电影《大寒》（The Big Chill）中，杰夫·高布伦（Jeff Goldblum）饰演的角色开玩笑说，合理化思考比性生活还重要（"你是否曾坚持过一周的时间，不去进行合理化思考？"他问道）。而因果推理，甚至比合理化更重要；没有因果关系，我们就无法对这个世界进行理解，连一个小时都坚持不下去。我们赞同珀尔的观点，即因果推理在人工智能领域中的重要性几乎超越所有其他主题，然而目前却又遭到业界的忽视。珀尔本人开发出了一种强大的数学理论，但关于如何从已知的众多因果关系中汲取知识，尚待我们去探索。

这是个特别棘手的问题，因为摆在我们眼前的那条通往因果知识的道路上布满了荆棘。我们所知的几乎所有原因都会导致相关性——当你踩下油门踏板时，只要发动机还在运转，紧急刹车还没有启动，汽车确实会跑得更快，但很多相关性实际上并不是因果关系。鸡鸣可以报晓，但人人都知道，让雄鸡安静下来并不会阻止太阳的升起。气压计上的读数与气压密切相关，但用手移动气压计指针，并不会改变真实的气压。

只要花点时间，就很容易找到各种纯属巧合的相关性，比如泰勒·维根（Tyler Vigen）给出的这个例子：2000 年至 2009 年，人均奶酪消费量与床单缠结导致死亡人数之间的对比。

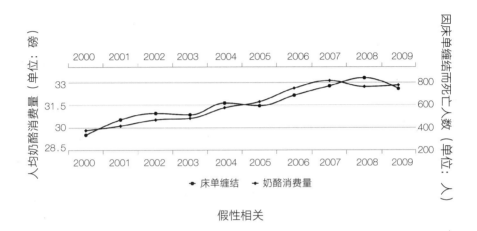

假性相关

维根在读研究生的时候，编撰了一本名为《假性相关》(*Spurious Correlations*) 的著作。[51] 同一时期，维根注意到，掉进池塘里淹死的人数与尼古拉斯·凯奇（Nicholas Cage）出镜的影片数量存在紧密的相关性。这些胡乱搭上关系的相关性是不存在的，其中并没有真正的因果关系，但是油门踏板和汽车加速之间的关联则是因果关系的真实实例。有朝一日，若能让机器认识到这一点，将是一项重大成就。①

10. 我们针对逐个的人和事件进行跟进

日常生活中，我们会对各种各样的事物进行跟进了解，对其特征和历

---

① 并不是说因果关系的认定对人类来说是件很容易的事。整个社会用了数十年的时间，才让许多人愿意接受吸烟会增加肺癌风险的事实。在整个 19 世纪，许多医疗机构强烈反对产褥热是由医生未经消毒的手传播的观点，不仅因为这种说法伤害到了医生的职业自豪感，而且也的确是因为他们认为这种说法根本不可能是事实。医生们已经用肥皂洗过手了，如此微量的污染物又怎么可能拥有如此巨大的破坏力呢？

史进行把握。你的另一半以前当过记者，喜欢喝白兰地，不那么喜欢威士忌。你的女儿以前特别害怕暴风雨，喜欢吃冰激凌，没那么喜欢吃曲奇饼。你车子的右后门被撞了个小坑，一年前你更换了车子的变速器。街角那家小商店，以前卖的东西质量特别好，后来转手给新老板之后，东西的质量就一天不如一天。我们对世界的体验，是由许多持续存在、不断变化的个体组成的，而我们的许多知识，也是围绕着这些个体事物而建立起来的。不仅包括汽车、人物和商店，还包括特定的实体，及其特定的历史和特征。

奇怪的是，这并非深度学习与生俱来的观点。深度学习以类别为重点，而不以个体为重点。通常情况下，深度学习善于归纳和概括：孩子都喜欢吃甜食，不那么喜欢吃蔬菜，汽车有四个轮子。这些事实，是深度学习系统善于发现和总结的，而对关于你的女儿和你的车子的特定事实，则没什么感觉。[52]

当然，也存在例外情况。但如果我们深入观察，就会发现，那些例外情况也证实了这个原则。举例来说，深度学习非常善于学习关于个体人物的图片识别，比如，你可以训练深度学习以很高的准确率去识别德瑞克·基特（Derek Jeter）的图片。但是，这是因为系统认为"德瑞克·基特的图片"属于同类图片之中的一个类别，而不是因为系统了解德瑞克·基特是一位运动员，是一个人。学习识别德瑞克·基特等人物图片与学习识别诸如棒球运动员等类别的深度学习机制，基本是相同的，都是图像的类别。训练深度学习识别德瑞克·基特的图片，比让系统从多年的新闻报道中推断出此人从 1995 年到 2014 年在洋基队担任游击手，要容易得多。

同样，我们可以让深度学习以一定的准确率在视频中对某个人进行跟踪。但是对于深度学习来说，不过是将一个视频帧中的一块像素与下一个视频帧中的另一块像素进行关联而已；系统并不了解像素究竟指代的是什么东

西。系统不知道，当人物从视频帧中暂时消失，此人依然在别处存在。如果
系统看到一个人走进电话亭，过一会儿从里面走出来两个人，并不会觉得有
什么不妥。

11. 复杂的认知生物体并非白板一块

1865 年，格雷戈尔·孟德尔（Gregor Mendel）发现了遗传的核心，他
称之为因子，如今我们称之为基因。他当时不知道基因是由什么构成的。后
来，科学家们又花了将近 80 年的时间才找到答案。几十年间，许多科学家都
走上了一条死胡同，错误地认为孟德尔的基因是由蛋白质构成的，几乎没有
人想到，基因是由不起眼的核酸构成的。直到 1944 年，奥斯瓦尔德·埃弗里
（Oswald Avery）才利用排除法，最终发现了 DNA 的重要作用。即使在那个时
候，人们也鲜有关注，因为当时科学界"对核酸并不感兴趣"。孟德尔本人的
重要地位最初也被人忽视，一直到他提出的定律在 1900 年被人重新发现。[53]

关于"先天"这个古老的话题，当代人工智能很可能也同样错失良机。
面对自然界的诸多现象，这一话题常被表达成为"先天还是后天"。大脑有多
少结构是与生俱来的，又有多少是后天习得的？同样的问题也出现在人工智
能领域之中：所有东西都应该是预先内置的吗？还是应该通过学习而掌握？

认真思考过这一话题的人都会意识到，这是逻辑谬误中的假两难推理。
从发展心理学（研究婴幼儿发展的学科）和发展神经科学（研究基因和大脑
发育之间关系的学科）等领域，我们得到了大量的生物学证据：先天和后
天合作发挥作用，而不是互为对立面。正如马库斯在其著作《心智的诞生》
（The Birth of the Mind）中所讲到的一样，个体基因实际上是这一合作关系
的杠杆。[54] 每个基因，都像是计算机程序中的"IF-THEN"语句。THEN 一
侧指明需要构建的特定蛋白质，但只在 IF 特定化学信号存在的情况下，该
蛋白质才会构建出来，每个基因都有其自身独特的 IF 条件。这个结果，就

像是富有适应性而经过高度压缩的一套计算机程序，由个体细胞在对其所在环境进行响应的过程中自动执行。学习本身，也是基因的产品。

　　奇怪的是，机器学习领域的大多数研究人员似乎并不想要与生物领域的这一方面发生互动。① 关于机器学习的文章很少与发展心理学的大量文献有什么关联，就算有所关联，也只是提到让·皮亚杰（Jean Piaget）这位业界先驱，而他早在近 40 年前就离世了。举例来说，皮亚杰提出的问题"将物体藏起来之后，婴儿是否知道此物依然存在"[55] 如今看来依然一针见血，但他给出的答案，正如他提出的认识发展阶段理论和他对儿童发现事物年龄的猜测，其方法论的依据并没能经得起时间的考验，如今看来，这些都是过时的参考资料了。[56]

　　我们很少能见到机器学习的论文引用近 20 年来的发展心理学研究成果，更是看不到机器学习论文引用遗传学或发展神经科学的内容。通常来看，机器学习领域的人们会着重强调学习，但从不考虑先天知识。就好像是他们认为，因为他们在研究学习，所以任何具有价值的事物都不可能是先天的。但先天和后天并不构成如此的竞争模式，反之，你在起跑线上所拥有的越丰富，你能学习的就越多。但是，深度学习还是被"白板"视角所主宰，完全忽略掉任何形式的先天知识。②

---

① 关于人类的一个不寻常的现象可能是造成人们对先天怀有普遍偏见的原因之一。由于人类婴儿的头部相对产道而言要大出许多，所以我们出生之时，大脑发育尚未完成，这一点和许多生下来就会走路的早熟动物不同。大脑会继续进行内源性的实体发育与成熟，这部分发育带来的行为与出生之后的后天经验无关，这就像是面部毛发只在青春期之后才会出现一样。婴儿出生后的头几个月中，并非所有的行为都是后天习得的，但人们常常将所有出生后的发展变化归因到经验之上，由此过分强调了学习的重要性，而低估了遗传因素的重要性。

② 严格来讲，没有哪个系统是完全不具备先天结构的。每个深度学习系统，都由程序员先天赋予了特定数量的层级，特定的节点互联模式，对节点输入采取行动的特定数学函数，特定的学习规则，关于输入和输出单元代表着什么的特定方案，等等。

我们认为，未来的人们在回顾时会将这种对先天的忽视看作一次巨大的
疏忽。当然，我们并不否认从经验中进行学习的重要性，就算我们这些非常
重视先天知识的人也懂得学习的重要性。但是，像机器学习领域的研究人员
所做的那样，从空无一物的白板起步进行学习，会令这项任务的难度更加艰
巨。这就相当于只有后天没有先天，而最有效的解决方案，应该是将两者合
二为一。

在生物界，生命体自出生之时就具备各自不同的先天能力，以及关于世
界的一些知识。据我们了解，山羊生下来就能识别出山峦（或陡坡与平面）
的作用，也对自己的身体有一定的了解，知道如何加以运用。

正如哈佛大学发展心理学家伊丽莎白·史培基（Elizabeth Spelke）提出
的观点一样，人类很可能自出生之时便了解世界由持续的物体所构成，这些
物体沿时空的连接通路行进，拥有对几何和数量的感知能力，以及直觉心理
学的基础。[57] 或如康德在 200 年前从哲学角度出发的观点，若想正确地对
世界加以理解，先天的"时空流形"是不可或缺的。[58]

而且，语言之中的某些方面，很可能也部分地形成了先天的预连线。孩
子或许天生就知道，周围的人们所发出的声音和做出的动作是在进行富有意
义的沟通；[59] 而这种知识，与有关人类关系的其他先天基础知识（妈妈会照
顾我等）相互联结。而且，人类语言的其他方面或许也是先天的，例如：将
语言划分为句子和词汇；对语言发音特征的预期；语言所拥有的句法结构，
以及句法结构与语义结构的关系。[60]

相比之下，一位从白板起步的纯粹的学习者则将世界当作纯粹的视听
流，就像一个 MPEG 4 文件一样。这位学习者需要对每一样事物进行学习，
就连反复出现的不同人物都要去学习。包括 DeepMind 在内的一部分研究者

曾尝试着做过一些白板学习的事情，但结果远远不像利用同样的方法来下棋那样令人惊叹。[61]

在机器学习领域内，许多人都认为，先天连线的做法就和作弊一样令人不齿，预置的内容越少，解决方案就越牛。DeepMind 的许多早期工作，似乎都受到这种思想的指引。玩雅达利游戏的系统，除了用于深度强化学习的通用架构，以及代表操纵杆选项、屏幕像素和总分的特征之外，完全没有内置内容，甚至连游戏规则本身，也必须通过经验和各种策略来获得。

在《自然》杂志后来发表的一篇论文中，DeepMind 宣称，他们已经"在没有人类知识的情况下"掌握了围棋。虽然 DeepMind 所使用的人类围棋知识的确比前辈要少，但"没有人类知识"这个说法还是夸大了事实：系统仍然在很大程度上依赖于人类在过去几十年间发现的让机器下围棋的方法，尤其是蒙特卡洛树搜索，之前讲到过这种方法。[62] 这种方法通过从具备不同棋局可能性的树形图上随机抽样来实现，本质上与深度学习并没有什么关系。[63] DeepMind 还内置了棋局规则和其他一些关于围棋的详细知识，这与他们之前在雅达利游戏上所做的工作有所不同，雅达利的成果在业内已经得到了广泛讨论。人类知识与此无关的说法，根本不符合事实。[64]

不仅如此，同样重要的是，这种说法本身也揭示了深度学习界的价值倾向：尽力消除先验知识，而不是尝试利用这些知识。这就好像汽车制造商认为重新发现圆形车轮是件很酷的事情，所以从一开始就无视过去两千年车辆制造的丰富经验，对现成的车轮置之不理。

我们相信，人工智能要获得真正的进步，首先要搞清楚应该内置何种知识和表征，并以此为起点来启动其他的能力。

我们整个行业，都需要学习如何利用对实体对象的核心理解来进一步了解世界，在此基础之上构建起系统，而不是单纯凭借像素和行为之间的相关性来学习一切，以此为系统的核心。我们所谓的"常识"，大部分是后天习得的，比如钱包是用来装钱的、奶酪可以打成碎屑，但几乎所有这些常识，都始于对时间、空间和因果关系的确定感知。所有这一切的基础，可能就是表征抽象、组合性，以及持续存在一段时间（可以是几分钟，也可以是数十年）的对象和人等个体实体的属性的内在机制。如果机器想要学习尚无法掌握的东西，那么从一开始就需要拥有这样的基础。①

为机器赋予常识

加州大学洛杉矶分校计算机科学项目主席阿德南·德尔维希（Adnan Darwische）在最近的一份给人工智能行业的公开信中，呼吁对 AI 研究人员进行更加广泛的培训，提出"我们需要新一代的 AI 研究人员，能深谙行业之道，用更宽的视角去理解经典人工智能、机器学习和计算机科学，同时掌握人工智能的发展历史"。[65]

我们在此观点之上进一步拓展，认为 AI 研究人员不仅需要借鉴计算机科学领域的诸多成就（在如今大数据热潮之中，计算机科学的成果常常被人遗忘），而且还要从心理学、语言学、神经科学等其他学科中汲取养料。这些认知科学领域的发展历史和研究成果，能让我们了解到生物体应对"智能"这个复杂挑战的整个过程：如果人工智能想要成为与自然智能有些许相

---

① 具有讽刺意味的是，深度学习领域对"先天"理论做出的最大贡献之一，竟来自业内"反先天"主义的激进分子，我们纽约大学的同事、Facebook 首席科学家杨立昆。[66] 在他早期的工作中，杨立昆极力主张在神经网络中引入一种叫作卷积的先天偏见，其如今在计算机视觉中已被普遍采用。卷积建立的网络，在产生经验之前就能实现"平移不变"，也就是说，系统能识别处于不同位置的同一物体。

似之处的事物，我们就要学习如何构建结构化的混合系统，将先天的知识和能力融入进去，让它实现对知识的组合性表征，并对持续存在的个体进行跟进，就像人类所做的一样。

一旦 AI 开始利用认知科学，从围绕大数据形成的范式上升成为围绕大数据和抽象因果知识形成的范式，我们就将有能力解决"为机器赋予常识"这个无比困难的挑战。

砍树砍错了位置

第 7 章 | 常识，实现
深度理解的关键

Rebooting AI:
Building Artificial
Intelligence We
Can Trust

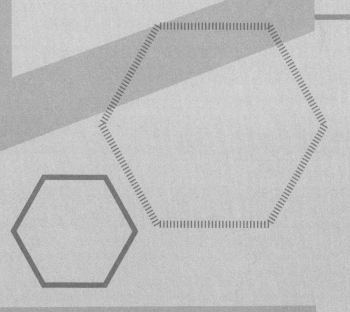

今天调查的主题
是东西不会自己转移。

它们需要得到帮助，
推动、移动，
从原来的位置拿起，放在别处。

并不是所有东西都想要去别处，比如，书架，
橱柜，推也推不动的墙，桌子。

但顽固的桌子上的桌布
只要抓住边角
就会蠢蠢欲动地想要迈出脚步。

至于水杯、盘子、
小奶油壶、勺子和碗，
都因燃烧的欲望而不住地震颤。

维斯拉瓦·辛波斯卡，《拽桌布的小女孩》

Non Satis Scire（"仅仅知道是不够的"）

罕布什尔学院校训

　　常识是人们普遍掌握的知识，也就是普通老百姓都具备的基本知识，比如"人们不想让自己的钱丢掉""我们能把钱放在钱包里""可以把钱包放在口袋里""刀是用来切东西的"，以及"在东西上面盖上一条毯子，并不会让东西消失"。如果我们看见狗背着大象，或是椅子变成了电视机，肯定会大吃一惊。常识的最大讽刺，实际上也是 AI 的最大讽刺，就在于常识是每个人都了解的，但似乎没有人确切地知道常识究竟是什么，以及如何建造出具备常识的机器。

建立常识库的三种方法

　　自从人工智能诞生之日起，人们就一直在担心常识的问题。创造了"人工智能"这个说法的约翰·麦卡锡，从 1959 年就开始呼吁人们对这一问题予以关注，但时至今日进展甚微。[1] 无论是传统的人工智能还是深度学习，都没有迈出多少步。深度学习缺乏直接整合抽象知识的方法，基本对这个问题持完全忽略的态度；经典人工智能曾经付诸努力，尝试了许多方法，但并没有取得成功。

第一种方法是尝试通过在网络中爬取（或"抓取"）来学习日常知识。2011 年，卡内基·梅隆大学教授、机器学习领域的先驱——汤姆·米切尔（Tom Mitchell）领导了一场覆盖面极其广泛的研究，名为"NELL"（Never Ending Language Learner，意为"永不停歇的语言学习者"）。[2] 日复一日，这个项目不断进行。NELL 在网上找到文档，进行阅读，寻找特定的语言模式，猜测言语之中的意义。如果看到"像纽约、巴黎和柏林这样的城市"等短语，NELL 就会推断出，纽约、巴黎和柏林都是城市，并将其添加到数据库中。如果看到"纽约喷气机队四分卫克莱门斯"这个短语，就会推断出克莱门斯为纽约喷气机队效力这件事（用现在时态——NELL 没有时态的概念），而且克莱门斯是四分卫。

虽然基本思想是合理的，但结果却不尽如人意。举个例子，NELL 最近学到了如下 10 个事实：

> 充满攻击性的狗是哺乳动物
>
> 乌兹别克语是一种语言
>
> 咖啡饮料单是一种菜单
>
> 伊利诺伊州罗谢切尔是一座岛屿
>
> 下北泽站是一栋摩天大楼
>
> 史蒂芬·霍金是一个在剑桥念过书的人
>
> 棉花是生长在古吉拉特邦的农业作物
>
> 克莱门斯在美国国家橄榄球联盟效力
>
> N24_17 和大卫和主是兄弟
>
> 圣朱利安城说英语

其中有对有错，有的毫无意义。基本没什么特别有用的信息。这些信息不会帮助机器人管理厨房，虽然在机器阅读方面可能有一定的帮助，但太过杂乱、参差不齐，无法解决常识方面的挑战。

第二种方法是使用"众包"模式，基本上就是向普通人寻求帮助。其中最引人注目的项目是 ConceptNet。[3] 自 1999 年以来，该项目一直在麻省理工学院媒体实验室进行。该项目维护了一个网站，志愿者可以在上面用英语输入简单的常识性事实。例如，参与者可能会被要求提供与理解下面这则故事相关的事实："鲍勃感冒了，鲍勃去看医生。"参与者可能用诸如"感冒的人打喷嚏"和"能用药物治疗生病的人"之类的事实来进行回答，随后通过模式匹配的流程，英语句子会被自动转换成机器代码。[4]

同样，这个思路从表面上看似乎也是合理的，但结果却令人失望。其中一个问题在于，如果你只是请未经培训的外行人士来列举事实，他们就会列出很容易找到的事实，比如"鸭嘴兽是产卵的哺乳动物"或"熄灯号是在黄昏时分吹响的军号"，而不会提供计算机真正需要的信息，也就是那些对人类而言显而易见，但很难在网络上找到的信息，比如"生命逝去之后，将永远不会复活"或"顶部开口的容器，无法保证液体不流出"。

另一个问题是，就算外行人士能够在引导之下给出正确的信息类型，也很难让他们用计算机所要求的那种挑剔而超精确的方式表达出来。例如，以下是 ConceptNet 从外行人士那里学到的一些关于餐厅的知识。

在未经培训的人看来，基本找不出什么问题。每一个连接本身都是可信的，例如，左上角的箭头告诉我们，烤箱是用来做饭的。一个人可以位于餐厅的某个位置，我们遇到的几乎每一个人都渴望生存；没有人会质疑我们需要吃东西才能生存下去的事实。

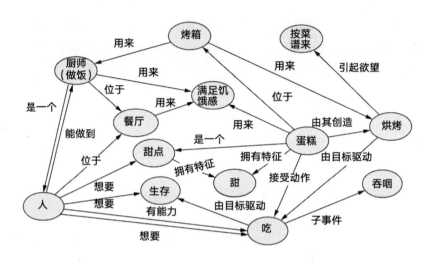

ConceptNet 从外行人士那里学到的一些关于餐厅的知识
资料来源：ConceptNet

而一旦深入细节，就会发现一团乱麻。

例如，有一个连接说"人"在餐厅的位置。正如戴维斯的导师德鲁·麦克德莫特（Drew McDermott）很久以前在《当人工智能遭遇天然智障》（Artificial Intelligence Meets Natural Stupidity）这篇著名文章中讲到的一样，这种连接的意义实际上并不清晰。[5] 在任何特定的时刻，世界上总有人在餐厅，但很多人不在。这种连接是否意味着，如果你在寻找某个特定的人，比如你的母亲，那么你总能在餐厅找到她？或者在某个特定的餐厅，你一天24 小时，一周 7 天，总能找到某个人？或者你总能在餐厅找到你想找的任何人，就像总能在海里找到鲸一样？还有一个连接告诉我们，"蛋糕用于满足饥饿"。也许没错，但请注意同时存在的"厨师用于满足饥饿"和"厨师是一个人"。顺着这个思路去理解，厨师可能不仅仅是做一顿饭而已，而且本身就是一顿饭。我们并不是说众包无用，但迄今为止从众包中产出的结果，常常是令人困惑、不完整甚至完全错误的信息。

最近的一个同样是麻省理工学院的项目，由另一个团队负责，叫作
"虚拟家庭"（VirtualHome）。[6]这个项目也利用众包来收集一些简单活动的流
程信息，比如把食品放进冰箱，将餐具摆上桌子。他们针对总共 500 个任
务收集了 2800 个过程，涉及 300 个物体和 2700 种类型的交互。这有点像
罗杰·尚克针对脚本所做的工作，但没有那么正式的结构。[7]这些基本操作
被连接到游戏引擎，有时可以让我们看到操作过程的动画。这一次，结果依
然不尽如人意。例如，我们来看看众包得出的"锻炼"过程：

走到**客厅**

找到**遥控器**

拿起**遥控器**

找到**电视**

打开**电视**

放回**遥控器**

找到**地板**

躺在**地板**

看**电视**

找到**胳膊 _ 两只**

伸展**胳膊 _ 两只**

找到**腿 _ 两只**

伸展**腿 _ 两只**

站起

跳

所有这些，都可能发生在一些人的日常锻炼活动中，但并不存在于另
一些人身上。[8]有些人可能会去健身房，或到户外去跑步，有些人可能会做
跳跃运动，还有一些人可能会举重。上述一些步骤可能会直接跳过，还有一

些步骤会被遗漏。无论怎么运动，简单的伸胳膊踹腿，都算不上是锻炼。而且，找遥控器这件事，也并不是锻炼的必要组成部分。再说了，这世界上有谁需要"找到"自己的胳膊和腿呢？显然这里存在一些问题。

第三种方法，是让训练有素的人用计算机可理解的形式将过程全部写下来。许多人工智能理论家，从约翰·麦卡锡开始一直到如今的戴维斯和他的许多同事，如赫克托·莱韦斯克（Hector Levesque）、乔·哈尔彭（Joe Halpern）和杰里·霍布斯（Jerry Hobbs）等，都尝试过这种做法。

坦率地说，在我们自己的领域中，进展也比我们所盼望的要缓慢。[9] 这项工作既艰苦又困难，依赖于迄今为止依然不能实现自动化的细致分析。虽然已经取得了一些重要进步，但我们距离常识的详尽编码还差得很远。如果没有这样的代码或与之类似的东西，如自动阅读和机器人管家等更高水平的人工智能挑战将始终超越我们的能力范围。

到目前为止，业内最大的成果是一个名为 CYC 的项目。[10] 在过去 30 年里，此项目由道格·莱纳特（Doug Lenat）领导，目标是创建一个庞大的数据库，以机器可解释的形式呈现类似人类的常识。它包含从恐怖主义到医疗技术再到家庭关系等方方面面数以百万计的精心编码的事实，由一群受过人工智能和哲学训练的专业人士不辞劳苦地亲手完成。[11]

业内的大多数研究人员都认为 CYC 是个失败的项目。关于其内部内容的公开发表文章实在太少，可以说，该项目基本上是秘密进行的，而相对于其所耗费的人力财力而言，项目演示也太少了。关于此项目的外部文章基本都持批评态度，也很少有研究人员将其应用到更大的系统中。[12] 我们认为，项目的目标是令人钦佩的，30 年之后，虽然投入了大量人力，但 CYC 本身仍然不够完整，无法形成巨大的影响。如何获得覆盖面足够广泛、足够可靠的常识数据库，这个谜题仍然没有解开。

接下来，我们该何去何从？

我们希望能给出一个简单而优雅的答案，但做不到。我们不认为任何单一或简单的方法足以应对这一课题，部分原因在于，常识本身就是非常多样化的。没有任何一种单一技术能够解决业内多年来一直在努力解决的问题。常识是整个行业需要去攀登的一座高山，我们前面还有很长的路要走。从脚下这条路上跑出去兜个圈子，也不太可能让我们到达顶峰。

虽然如此说，但我们也确实对整个行业的发展方向有一些粗浅的认识。接着用登山的比喻来说，如果我们不能凭借自身能力到达山巅，至少可以看到顶峰的样子，知道到达顶峰可能需要什么样的设备，什么样的策略可能会有所帮助。

知识表征

为了实现进步，我们需要从两件事做起：一是对通用人工智能应该具备什么样的知识进行盘点，二是理解如何在机器内部以一种独立的方式清晰而明确地表征这些知识。[13]

我们先讨论知识表征，因为找到一种清晰的方法在机器中对知识进行表征，是我们最终对知识进行编码的先决条件。正如读者现在可能想到的那样，这个任务比乍看起来要微妙得多。有些知识很容易表征，而很多知识则不能。

在从难到易的谱系之中，比较简单的是分类学，就是告诉我们狗属于哺乳动物、哺乳动物属于动物的学科，我们可以从中推断出狗属于动物。如果你知道莱西是一只狗，狗是动物，那么莱西就是一只动物。

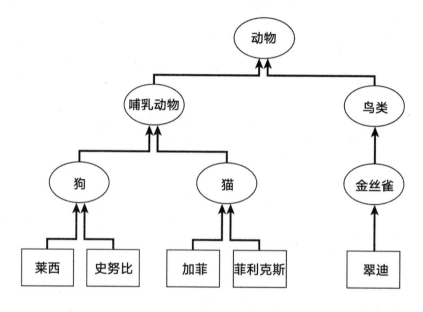

分类学示例

像维基百科这样的在线资源包含了大量的分类信息：臭鼬属于食肉动物，十四行诗属于诗歌，冰箱属于家用电器。另一种叫作 Wordnet 的工具，是经常用于人工智能研究的专用在线词典。[14] 这种工具给出了逐个单词的分类信息："嫉妒"是一种"怨恨"，"牛奶"既是一种"乳制品"也是一种"饮料"，等等。还有一些专门的分类工具，比如医学分类工具 SNOMED，列举了"阿司匹林是一种水杨酸盐"和"黄疸是一种临床现象"等分类。[15] 在语义网（Semantic Web）① 中广泛存在的在线本体论就包括这部分知识。

---

① "语义网"是万维网之父蒂姆·伯纳斯 – 李（Tim Berners-Lee）提出的概念，其核心是：通过给万维网上的文档添加能够被计算机所理解的语义，从而使整个互联网成为一个通用的信息交换介质。——编者注

类似的技术可以用来表征部分－整体关系。当被告知脚趾是脚的一部分，脚是身体的一部分时，就可以推断出脚趾是身体的一部分。只要你掌握了这类知识，我们之前提到的一些难题就会迎刃而解。如果你看到将埃拉·菲茨杰拉德比作"陈年红酒"的言论，就能发现，菲茨杰拉德是一个人，人是动物，并发现"酒"这种东西存在于完全不同的分类层次结构之中，比如无生命的物体，并推断出她不可能是一瓶酒。同样，如果客人向机器人管家要一杯饮料，具备良好分类能力的机器人便可以意识到，葡萄酒、啤酒、威士忌或果汁都可能符合要求，但芹菜、空杯子、钟表或笑话则不符合要求。

无奈的是，除了分类学之外，常识还有很多内容。对于常识所涉及的其他几乎每一件事物，我们都需要一种不同的方法。如果说在自然选择和物种形成的作用下，动物物种的分类得到了很好的定义，但许多其他事物的分类则并非如此。假设我们想要做出一个历史事件的类别，其中包括"俄国革命""列克星敦战役""印刷术的发明""新教改革"等彼此独立的内容，此时的界限就要模糊得多。法国的抵抗是否属于第二次世界大战的一部分？同样，包括汽车和人在内的由"东西"组成的类别，是否也应该包括民主、自然选择，或对圣诞老人的信仰？分类学在这里并非适用的工具，正如维特根斯坦曾说过的一样，就连"游戏"这样看似简单的类别都很难定义。

然后就是我们在本章开始时了解到的那种知识，比如刀子可以切东西，扫帚可以用来清洁地板。这些事实并不符合分类学的套路。[16] 但是，如果没有这方面的知识，很难想象机器人能有条不紊地照顾你的家。[17]

分类学之外的另一种方法是通常被称为语义网络的 ConceptNet，它创建出我们之前看到的那种示意图。语义网络发明于 20 世纪 50 年代末，允许计算机表征更大范围的概念，不仅仅是哪些部分属于哪些整体的一部分，哪些类别是其他类别之内的子类别，而且还包括各种各样的其他关系，如奥尔巴尼市位于哈得孙河旁边。

但是，正如我们从 ConceptNet 中了解到的一样，语义网络的表征并不十分清晰，不足以解决问题。用示意图的方式画出来比实际运转起来要容易得多。假设你想要对以下事实进行编码：艾达拥有一台 iPhone，出生在博伊西，iPhone 包含一个电池，电池产生电能。用不了多久，就会看到这样的结论：

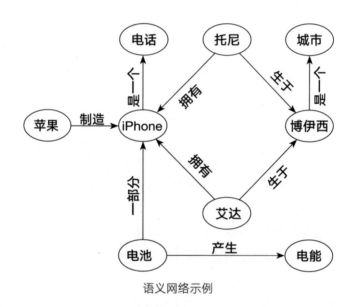

语义网络示例

问题在于，对图表加以理解所需的许多信息都不明确，而机器并不知道如何处理不明确的信息。[18] 我们人类能一眼看出，如果托尼和艾达都出生在博伊西，如果你去托尼的出生地旅行，你也就同时到达了艾达的出生地。但是，如果你了解到，有一部 iPhone 是托尼的，那么这部 iPhone 很可能不属于艾达，而语义网络中并没有对此进行任何明确的说明。如果不采取进一步的工作，机器就不可能知道其中的差别。

再来看看所有 iPhone 都出自苹果公司的事实。如果你看到一部 iPhone，就能判断出这是苹果公司制造的——这似乎和语义网络中的示意保持一致，但语义网络的表达方式看起来却像是世界上仅有的 iPhone 就是属于托尼和艾达的那两部，而这显然是误导。

每一部 iPhone 都有电池，但也有其他部件。你不会得出 iPhone 中的每个部件都是电池的结论，但示意图中并没有说明这一点。进一步挖掘，语义网络并没有以任何方式告诉你，出生地是排他的，而所有权不是排他的。也就是说，如果艾达出生在博伊西，她不可能也出生在波士顿，但她可以同时拥有一部 iPhone 和一台电视。

让机器了解到你脑子里想的是什么，而不仅仅是示意图上画的是什么，真的很难。实际缺少的，正是语义网络原本要去解决的问题：常识。除非你已经了解了诸如出生（只会发生在一个地点）、制造（一家公司可以生产不止一种产品）和所有权（一个人可以拥有很多种东西）等事情，否则形式化毫无作用。

当我们将时间考虑进来之后，语义网络的方法就会让情况变得更糟。请想象一个这样的语义网络，类似于我们前面讨论过的 ConceptNet：

粗略看来似乎没什么问题：迈克尔·乔丹身高 1.98 米，他出生在布鲁克林，等等。但是深入观察就会发现，如果系统只知道图中所包含的内容，而其他一概不知，就很容易犯各种愚蠢的错误。系统可能会认为迈克尔·乔丹出生时就有 1.98 米，或者乔丹同时为奇才队和公牛队效力。"打篮球"这个说法既可以指代他的职业生涯，也可以指代从他小时候第一次接触篮球一直到现在（假设他现在还会偶尔和朋友一起以休闲娱乐为目的而打篮球）。如果我们告诉系统，乔丹从 1970 年到现在一直打篮球，假设从他 7 岁的时候开始打球，一直坚持到现在，那么系统一定会错误地认为乔丹在过去的 48 年间一天 24 小时，一年 365 天永不停歇地打篮球。

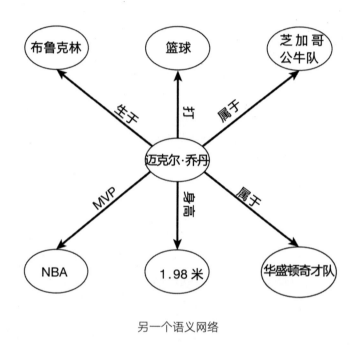

另一个语义网络

除非机器能够在无人帮忙的情况下流畅地处理这类事情，否则无法真正拥有阅读、推理、在真实世界安全导航的能力。

我们该怎么办？

第一条线索存在于形式逻辑领域，由哲学家和数学家开发而来。以"苹果公司制造所有的 iPhone""艾达拥有一部 iPhone""所有的 iPhone 都包含一块电池"等说法为例，我们在语义网络中看到的很多歧义，都可以凭借通用技术符号对事实的编码来进行处理：

$$\forall x \ \text{IPhone}（x）\Rightarrow 制造（苹果，x）$$
$$\exists z \ \text{IPhone}（z）\wedge 拥有（艾达，z）$$

第一条表述可以读作："对于每一个对象 x，如果 x 是 iPhone，那么苹果制造了 x。"第二条可以读作："存在一个对象 z，z 是 iPhone，艾达拥有 z。"

这种方式需要我们花些时间来适应，没经过特定培训的人士很可能觉得不习惯，而这就使得以众包模式来解决常识问题变得更加困难。而且，这种做法在当下的人工智能领域也一点儿都不受欢迎，每个人都想要走捷径。但归根结底，形式逻辑这类思想很可能是以足够的清晰度来对知识进行表征的必经之路。与语义网络中的"苹果制造 iPhone"连接不同，这种表述方式是清晰明确的。我们不用猜测第一句话的意思是"苹果制造所有的 iPhone"，"苹果制造一些 iPhone"，还是"苹果只制造 iPhone"。只可能是指第一种。

常识需要从这类操作起步，要么是形式逻辑，要么是能达到类似效果的替代方法，即清晰、明确地表达普通人知道的所有东西的方法。[19] 这就是万里长征的第一步。

通用人工智能应具备的常识

就算我们找到了编码知识的正确方法，可以在机器中对常识进行表征，我们仍然会遇到挑战。目前收集概念和事实的几种方法，包括手工编码、网络挖掘和众包在内，都存在一个问题，那就是，最后得到的都是一碗事实大杂烩，"土豚吃蚂蚁""齐克隆 B 有毒"等等，而我们真正想要的，则是让机器拥有对世界的连贯理解。

部分问题在于，我们不希望 AI 系统针对每一个彼此相关的事实进行逐个学习，而是希望系统能理解这些事实是怎么联系在一起的。我们不仅想让系统了解作家写书、画家绘画、作曲家作曲这类事情，还希望系统能将这些特定的事实视为"个体创造作品"这类一般关系的实例，并将这种观察本身纳入更大的框架中，弄清楚创作者在将作品卖出去之前是拥有作品的，而同一个人创作的作品往往具有相似的风格，等等。

道格·莱纳特将这类知识称为"微理论"（microtheories）。最终可能会有成千上万的这类知识，它们还有另外一个称谓，就是知识框架。知识表征领域的工作人员尝试过为现实世界理解之中的许多不同方面开发出这样的框架，从心理学和生物学到日常用品的使用，等等。[20] 虽然知识框架在当前以大数据为中心的人工智能方法中没什么地位，但我们认为，其重要性不可或缺。对知识框架的构建和利用进行更加深刻的了解，能带着我们蹚出一条很长的路。

如果我们只能有三个知识框架，那么我们就会极大地仰仗于康德《纯粹理性批判》的核心主题，该主题从哲学视角出发，认为时间、空间和因果关系是基础。[21] 将这些理论建立在坚实的计算基础之上，是向前发展的关键所在。

如果我们凭借自身力量还不能将其建造出来，那么至少可以讲一讲它们的样子。

让我们从时间开始。每个事件都有一个时间，如果不理解事件与时间之间的关系，那么几乎是没有意义的。如果机器人管家要倒一杯酒，那么它就需要知道，在倒酒之前要先拔掉软木塞，而不是先倒酒再拔软木塞。救援机器人需要根据时间和对不同情况紧急程度的理解，来确定任务的优先次序：火灾可以在几秒钟内迅速蔓延，而用一个小时的时间去解救被困在树上的猫，也不会有什么问题。

在时间问题上，经典人工智能研究人员和哲学家已经取得了极大的进展，制定出了一套形式逻辑系统，对情境及其随时间推移而出现的发展变化进行表征。比如，机器人管家可能一开始就知道葡萄酒目前盛放于装有软木塞的瓶中，酒杯目前是空的，而它的目标就是在两分钟内让玻璃杯中盛有葡萄酒。所谓时序逻辑可以让机器人构造出这些事件的认知模型，继而从认知模型和常识知识（比如，如果你将瓶中之物倒入杯子，那么瓶中物的一部分现在就在杯中）出发，形成一个随时间推移而构成的特定计划：在适当的时间打开酒瓶的木塞，只在打开木塞之后才倒酒等，而不是将操作顺序颠倒过来。

虽然如此，仍有许多重要工作亟待完成。其中一个重大挑战，就是将外部句子映射到时间的内部表征之上。对于这样的句子，"托尼想方设法倒出了酒，尽管他不得不用刀取出软木塞，因为他找不到开酒瓶器"，仅凭时序逻辑本身是不够的。若想推断出句中所提到的事件是按倒序发生的，我们就需要了解一些关于语言以及时间的知识，特别是要了解句子用以描述时间和事件之间关系的各种巧妙方式。目前尚未有人在这方面取得实质性进展，也没人找到将这些内容与深度学习相结合的办法。

不过，要建立一个系统，去计算出迈克尔·乔丹在什么时间可能会打篮球，什么时间不太可能打篮球，或是建立一个系统，去重建阿曼佐将钱包归还给汤普森先生之前发生了什么，我们需要的不仅仅是对时间的抽象理解。仅仅知道事件有始有终是不够的，还必须掌握关于世界的特定事实。当我们读到"阿曼佐转向汤普森先生，问道：'你的钱袋子有没丢？'"，脑海中就会装满一系列有关事件先后顺序的事实：在更早的时候，汤普森先生有个钱包；后来，他没有了钱包；再后来阿曼佐找到了钱包。当我们想到迈克尔·乔丹时，会想到一个事实：就连最富激情的运动员，也只会用清醒时刻的一部分时间来投入运动。若想推理出世界是如何随着时间推移而发展的，人工智能需要将许多复杂的一般事实（比如"人在睡觉时无法有效地执行许多复杂技能"）与具体事实结合起来，从而搞清楚这些普遍事实如何适用于特定的情境。

同样，目前也没有机器能在观看电影时对倒叙和非倒叙进行可靠分类。就算是遵循正叙的电影也存在许多挑战：一个镜头和下一个镜头之间的时间关系总是需要观众去解读——是过去了一分钟？还是一天？还是一个月？这既依赖于我们对时间运行的基本理解，也依赖于我们对看似合理的事物的广泛而详细的了解。

只要我们能将这一切结合起来，就相当于解锁了一整个全新的世界。

你的日历会变得更加智能，可以推断出你需要去哪里，什么时候去，而不只是将每个事件都作为独立的预约来存储，没事儿就让你用飞一样的速度从 A 点赶往 B 点；如果你安排了位于另一个城市的活动，那么日历就会正确设置时区，不会让你提前 3 个小时去开会；而程序员也不需要提前预见这种特定的场景，因为 AI 会根据一般原理计算出你需要什么。你的数字助理将能够告诉你当前最高法院的法官名单，给出在芝加哥公牛队效力时间最长的成员名单，告诉你当约翰·格伦[①]环绕地球时尼尔·阿姆斯特朗的年龄，甚至能告诉你，如果想要 8 个小时的睡眠，那么为了赶上明天 6:30 的火车，什么时间应该就寝。个性化医疗程序，能够将病人在几分钟或几小时内发生的病情与他们一生中的身体情况联系起来。总裁助理所做的那种高端而周到的规划，将能普及到每个人身上。

机器还需要一种理解空间与人和物体几何形状的方法。随着时间的推移，基本框架的某些部分会得到细致的了解，但仍有许多基本因素没有被捕捉到。往好处看，欧几里得空间很好理解，我们也知道如何进行各种几何计

---

① 约翰·格伦是美国首位环绕地球飞行的宇航员。——编者注

算。现代计算机图形学专家利用几何学来计算复杂房间中的光线如何落在物体之上，结果极度真实，电影制作人员经常使用这样的技术来构建真实世界中从未发生过的令人信服的事件图像。

但要理解这个世界是如何运转的，远比创造出逼真图像要复杂得多。举个例子，你需要知道此处描述的两个普通物体的形状，一个手动刨丝器和一个装满蔬菜的网兜，以及它们各自形状所涉及的内容。

对 AI 造成挑战的普通物体

这两种日常物体的形状都比较复杂，比球体或立方体等基本的几何实体要复杂得多，而它们在空间中的形状对你的处理方式来说非常重要。刨丝器是一个截短的金字塔形状，这样的形状能令其保持稳定，还有一个把手，方便你在刨丝时抓住把手来固定。上面的孔洞将外部与内部中空连接起来，使得奶酪等食品可以被切割成窄条，并落在刨丝器内。最后，在不同侧面，孔洞的具体形状有所不同，针对不同需求来制作合适的刨丝。例如，图中面朝前方的一面，是圆形的"切达奶酪"洞，每个洞都有一个带锋利刀片的小圆"唇"形设计，方便把奶酪以小条的形状从大块上切下来。细想来，这是个绝妙的设计，它在空间中的形状决定了功能。

图形或计算机辅助设计的标准程序可以表征形状，将其用在视频游戏之中，对体积进行计算，甚至还能算出以某个特定角度拿着的奶酪块上的哪个部位会与哪些孔洞相接触，但却无法推理出形状的功能性。迄今为止，还没有哪个系统可以通过观察刨丝器来了解其用途，也没有哪个系统能明白人们如何操作刨丝器，从而磨碎马苏里拉奶酪来做比萨。

从某些角度来看，网兜带来的问题更多，至少对于目前的 AI 水平来说是这样。刨丝器还有固定的形状，你能拿着刨丝器四处移动，但不能对其进行弯曲或折叠，因此刨丝器的组成元素彼此之间保持着恒定的关系。相比之下，网兜的形状不是恒定的，网兜依据承载物体的形状而弯曲，还能适应它所处的表面的形状。这样看来，网兜并非某个特定的形状，而是拥有无限可能形状的集合。唯一不变的，是网绳的长度以及网绳之间彼此连接的方式。根据这一点信息，人工智能需要能明白：我们可以将黄瓜和青椒放进网兜里，保证这些蔬菜不掉出来；也可以将一颗豌豆放进网兜里，但豌豆会立刻从缝隙里掉出来；我们没办法将一个大西瓜放进网兜里。就连如此基本的问题，也没有得到解决。一旦得以解决，机器人将能够在繁忙、复杂和开放的环境中安全有效地工作，从厨房和杂货店到城市街道和建筑工地，极大地扩展自身的用途。

因果关系的广义解释，包括一切关于世界如何随时间变化的知识。① 这

---

① "因果关系"一词也被更狭义地用来指"A 引起 B"形式的特定关系，比如扳动开关 A 使得电路通畅，并引起电流流向灯泡 B。"封闭容器中的物体出不来"这样的说法，在广义上是因果关系理论的一部分，因为这个说法限定了随时间的推移会发生什么事情，但在狭义上则不属于因果关系理论，因为这个说法并没有被表达成一个事件引起另一个事件的形式。一个合格的通用人工智能，需要有能力同时处理广义和狭义的因果关系。

些知识可以是非常通用的，比如牛顿的引力论、达尔文的进化论，也可以是非常具体的，比如：按下遥控器上的开机键就能将电视打开或关上；如果美国公民在次年 4 月 15 日前未缴纳年度所得税，就将面临被罚款的风险。发生的变化可能涉及实体物体、人的思想、社会组织，或基本上一切随时间能产生变化的东西。

我们用因果关系来对人和其他生物体加以理解，心理学家称之为"直觉心理学"。我们用因果关系来对锤子和钻头之类的工具加以理解，而在更普遍的情况下，我们会用因果关系对烤面包机、汽车和电视机之类的人造物品加以理解。当我们想要去理解计算机时，常常将其视为具有心理活动的人工制品，比如：计算机"想"让我输入密码；如果我输入密码，机器就会识别出来，并允许我提出下一个请求。我们也使用因果推理来理解社会机构（如果想要借书就去图书馆，如果想要通过一项法律，就要经过国会）、商业（如果想要一个巨无霸汉堡，就得付钱）、合同（如果承包商的项目没做完就半途而废，就能以违反合同的名义提出起诉）、语言（如果两个人不会讲同一种语言，那么他们可以请一位翻译）、对反事实进行解释（如果地铁工人罢工，那么上班的最佳途径是什么）。大部分的常识推理，都建立在某种因果关系的基础之上，基本都与时间有关，而且经常涉及空间。

我们关于因果关系的思考能力，一个重要特点就是富有多样性。比如，我们可以用许多不同的方式来对关于因果关系的任何特定事实加以利用。如果我们知道遥控器和电视之间的关系，就可以立即做出预测和计划，并找到解释。我们可以预测，如果按下遥控器上的电源键，电视就会打开。我们可以决定是不是想打开电视，并且可以通过按遥控器来实现。如果我们发现电视突然开了，就能推断出房间里可能有其他人按了遥控器上的按钮。人类在没有任何正规训练的情况下就能顺畅无阻地做到这一点，实在是令人震撼。人工智能若能做到同样的事情，将具有革命性的意义。举个例子，应急机器人将能够用现成的材料去修理桥梁和断肢，因为它们有能力理解材料、工程学等知识。

尤其重要的，就是将因果理解中的各个领域灵活结合为一体的能力，而这也是人类非常自然、不假思索就能做到的事情。举个例子，平克在《心智探奇》（*How The Mind Works*）一书中讲到了美剧《洛城法网》（*LA Law*）中的一个情节。铁面无私的律师罗莎琳德·谢斯（Rosalind Shays）一脚踏入了电梯井，很快就传来了她的尖叫声。[22] 而我们这些观众立刻就能用物理学知识来推断出她会坠落到底部；用生物学知识推断出，这么摔下去很可能会要了她的命；用心理学知识推断出，因为她没有表现出自杀倾向，所以进入没有电梯的电梯井很可能是出于她的误判，而这个误判是基于一个假设，即电梯门打开之时，里面会有一部可供人乘坐的电梯。这样的假设在通常情况下是真实的，但很不幸在这里却是错误的。

当老年护理机器人能流畅地理解因果关系多个领域之间不可预测的交互时，也将会变得更加优秀。例如，机器人助手需要预测到爷爷的心理活动：他会对机器人做出什么样的反应？他会坐立不安吗？会抓住机器人晃来晃去吗？会跑开吗？然后将爷爷视为一个复杂的、动态的物理对象并加以理解。如果目标是让爷爷上床，那么仅仅把爷爷的重心放在床上是不够的，因为爷爷的头还可能会撞到床边的护栏。能够对心理学和物理学同时进行流畅推理的机器人，将是现有机器人水平的一大进步。

同样的理解流畅性，将在令机器获得更丰富的理解能力方面发挥重要作用。比如，AI 在阅读阿曼佐的故事时，需要明白汤普森先生一开始并不知道自己丢了钱包，而在听到阿曼佐向他提出问题，伸手摸了摸口袋之后，才知道自己丢了钱包。也就是说，AI 需要推断出汤普森先生的心理状态，以及这种状态如何随着时间而发生变化。同样，AI 也需要明白，汤普森先生会因为丢了钱包而懊恼，也会因为找到钱包，看到所有的钱都原封不动地装在里面而如释重负，而阿曼佐会因为被怀疑成小偷而觉得受到了侮辱——这些同样要求对人类心理有所认识，对人如何看待金钱和社交互动有所把握。如果拥有足够丰富的因果关系体系，那么所有这一切都将自然而然地到来。

当涉及行动规划时，将时间与因果关系结合起来，是特别关键的一步，而这也往往需要对开放的世界和模棱两可的计划进行处理，比如，食谱中常常会省略掉一些不言自明的步骤。如今的机器人都只看字面行事，如果没有说得特别明白，它们就不会去做。为了实现最大的效用，机器人需要像我们人类一样灵活。

以炒鸡蛋为例。找到食谱很容易，但是基本上所有的食谱都没有把话说全。一个网站给出了如下的食谱：

1. 将鸡蛋、牛奶、盐和胡椒粉放在中等大小的碗中打散，混合均匀。
2. 在大个的平底不粘锅中加热黄油。倒入蛋液。
3. 继续炒制，对蛋液进行拉、举和折叠等动作，直到蛋液浓稠，看不到流动的液体为止。不要一直不停地搅拌。

依靠读者的智慧，食谱的作者跳过了很多不言自明的步骤：把鸡蛋、牛奶和黄油从冰箱里拿出来；将鸡蛋磕开裂口，倒入碗中，打开牛奶盒，将牛奶倒入碗中，将盐和胡椒粉撒入碗中，将没用到的鸡蛋、牛奶和黄油放回冰箱，将黄油切下来，放入锅中，开火，关火，将鸡蛋放到盘子里。如果碗或者锅不干净，那么在使用前就必须先清洗。如果你没有胡椒了，那么这份炒蛋就没那么好吃，但如果你没有鸡蛋，就连吃都吃不到了。

更宽泛地说，机器人需要在整体认知灵活性上达到人类的水平。我们制订计划，而当实际情况和我们预想的不太一样时，会随时对计划进行调整。

我们还能对从未经历过的情景做出靠谱的猜测，如果我们在托运行李时忘记拉上拉链，会发生什么？如果我们在行驶的列车上拿着一杯装得太满的咖啡，会发生什么？让机器人和数字化助理制订出具有同样适应性的计划，将会是一个重大进展。

计算机模拟，是人们一下子就能想到的通往因果关系的方法，但这种方法最终也会令我们失望。如果我们想知道狗是否驮得动大象，就可以考虑运行一个现代视频游戏中常见的"物理引擎"。

在某些情况下，模拟可能是走近因果关系的一种有效方法。物理引擎可以有效地生成关于正在发生的事情的"脑海电影"，以完整的细节确定情节中的每一件事物如何随时间的推进发生移动和改变。例如，在《侠盗猎车手》这样的视频游戏中使用的物理引擎，模拟了汽车、人和其他每一件实体之间的互动。开始之时，模拟程序掌握了一些情形的完整说明，了解游戏世界中每个物体的确切形状、重量、材料等。随后，程序使用精确的物理原理来预测每一个物体从一毫秒到下一毫秒将发生怎样的移动和变化，并作为游戏玩家动作决策的反馈，来对游戏内容进行更新。本质上，这是一种因果推理的形式：给定 t 时刻的对象数组，得出 $t+1$ 时刻的情形。

科学家和工程师经常使用模拟方法来对极其复杂的情况进行建模，比如星系的演化、血细胞的流动、直升机的空气动力学，等等。[23-25]

在某些情况下，模拟也可以用于人工智能。假设你正在设计一个机器人，这个机器人能从传送带上取下物体，并将物体放入箱子之中。机器人需要预测在各种情况下会发生什么，预测到物体若处于某个角度，就可能在刚刚被举起时翻倒。对于这样的问题，模拟是有帮助的。

但是，出于一些原因，在人工智能必须做到的大部分常识因果推理中，模拟是行不通的。[26]

我们无法从单个原子的级别出发去模拟所有事物，因为这样所需的计算时间和内存实在太过庞大。实际上，物理引擎依赖于近似于复杂对象的捷径，而不是从原子层面去获取每个细节。事实证明，这些捷径的建立是非常费时费力的，而且许多普通的物理互动的模拟目前没有捷径可走，所以现有的物理引擎都远未达到完整的水平，而且短期内也不太可能达到这一目标。我们需要用其他方法来对精确的物理模拟进行补充。

举例来说，日常生活中的许多物体，都没有人愿意去费心为其构建物理引擎模型。比如，切东西的工具。配备有浴室、厨房和工具柜的家庭环境之中，会有多达十几种不同的工具，它们唯一的功能是对物体进行切割或切碎：指甲钳、剃须刀、菜刀、刨丝器、搅拌机、磨刀器、剪刀、锯子、凿子、割草机，等等。

的确，"资源商店"等网站上出售可以下载并插入标准物理引擎之中的三维模型，但模拟器却只能捕捉到机器人在日常生活中可能遇到的极少一部分物体的足够细节。我们可能很难找到关于美膳雅搅拌机的足够详细的三维模型。就算找到了，在你想用搅拌机来将酸奶、香蕉和牛奶打成奶昔时，你的物理引擎也不太可能会预测出搅拌机将要做什么。而且完全可以肯定的是，如果你把板砖放到搅拌机里准备搅拌一下，你的物理引擎也根本无法预测出将会发生什么。资源商店可能会出售大象和狗的模型，但如果你将大象放在狗身上，物理引擎可能无法正确地预测出这样做的结果。

回到炒鸡蛋的话题上，通常情况下，人们不会对复杂的化学和物理细节进行模拟，厨房机器人也不应该去做这件事。很多人都能做出一盘美味的炒鸡蛋，但可能只有极少数人能说明白鸡蛋烹饪的物理化学原理。而即使我们对所涉及的物理知识没有确切的了解，也能应付得过去，甚至还能高效地完成更大的任务，比如做出一份菜品更加丰富的早午餐来。[①]

当涉及机器人时，模拟就显得尤其滞后。机器人拥有极其复杂的机制，许多运动部件以多种不同的方式发生互动，并与外部世界相互作用。互动越多，就越难将事情做对。比如波士顿动力公司的狗形机器人"小点"有 17 个不同的关节，而这些关节又有好几种不同的旋转和施力模式。[27]

此外，机器人所做的事情，通常是它所感知到的事物的函数，部分原因在于绝大多数运动都由反馈所控制。比如，对某个关节施加多大的力，取决于传感器向机器人手臂传达的信息。因此，要用模拟来预测机器人行为的后果，就必须模拟机器人的感知以及这些感知如何随着时间推移而变化。假设我们正在用模拟器来测试救援机器人是否能在火灾中可靠地将伤员送抵安全的地方。模拟器需要知道的不仅是机器人本身是否拥有这种能力，还要知道机器人是否能在建筑物中充满浓烟、电路中断时找到一条路。无论如何，就目前而言，这远远超出了机器人的能力所及。更宽泛地说，当你让机器人到现实世界中去自由活动时，实际发生的情况往往与模拟结果完全不同。这样的问题实在太过普遍，机器人专家还为此专门创造出一个说法——"现实鸿沟"。[28]

当我们试图用物理引擎来推断人们的想法时，单纯的模拟方法则更加

---

① 其实就算我们不知道确切的物理原理，也并非完全无知。炒鸡蛋并没有制造出一个任何事情都可能发生的物理真空。我们知道，用叉子把炒熟的鸡蛋从锅里拿出来，和用叉子把生鸡蛋拿出来是非常不一样的，而如果一个半生不熟的鸡蛋突然间变成了大象，我们一定会大吃一惊。优秀的人工智能也许应该在这方面模仿人类，即使并非对每个细节都了如指掌，也具备通用、灵活而有效的理解。

不合时宜。假设你想搞清楚汤普森先生在摸自己口袋时发生了什么。原则上讲，你可能会想到对他的每一个分子进行模拟，无论口袋里有没有钱包，都能模拟汤普森手指获得的反馈，随后模拟接踵而来的神经放电模式，最终将消息发送到大脑的前额皮质，形成一套运动控制程序，令他启动嘴唇和舌头的动作，大声说出："是的，我的钱袋子丢了！里面还有 1500 美元。"

这是个美好的幻想，但在实践中，这是不可能的。要对汤普森进行如此细致的建模，所需的计算能力实在是太大了。至少在当下的 21 世纪初期，我们不知道如何以如此的细节对人脑进行模拟，因为模拟器需要对太多分子之间的相互作用进行计算，哪怕是捕捉到汤普森神经系统一秒钟的活动，都可能需要几十年的计算机时间。我们若想要捕捉到人物的心理活动，需要从精确物理中抽象出一个系统。

推理能力

常识的最后一部分，是推理的能力。

回想一下电影《教父》中的一个著名场景。杰克·沃尔兹（Jack Woltz）醒来，看到床边放着他心爱马儿被砍下来的头颅，他立刻明白了汤姆·黑根（Tom Hagen）的意思：如果黑根的人能找到沃尔兹的马，那么黑根的人也能轻而易举地找到沃尔兹。

当我们第一次看到杰克·沃尔兹的床上放着的马头时，我们不会在脑海中搜寻类似的例子。我们和沃尔兹会利用大量的关于世界如何运转的通用知识，再加上对人、物体、时间、物理、经济学、工具等等的知识，去推断接下来会发生什么。

形式逻辑的好处之一，就是允许我们将需要知道的很多东西直截了当地搞清楚。我们很容易推断出，如果手指是手的一部分，而手是身体的一部分，那么手指就是身体的一部分。如果你了解前面两种关系和逻辑规则，那么后面的事实就无须众包也能得出。

再比如，关于罗莎琳德·谢斯之死的推理，可以很轻松地通过一个具备如下事实信息的逻辑推理引擎来进行：

1. 空无一物的电梯井中的物体，是没有支撑的。
2. 电梯井的底部是坚硬的表面。
3. 没有支撑的物体会坠落，速度快速增加。
4. 落入电梯井中的物体，会很快摔落于底部。
5. 人是物体。
6. 快速移动并与坚硬表面相撞的人，可能会死亡或受重伤。
7. 罗莎琳德·谢斯这个人，迈进了空无一物的电梯井之中。[①]

随后，推理引擎就可以推断出罗莎琳德·谢斯很可能已经死亡或受重伤，而无须为她体内的每个分子建立完整的、计算成本极其高昂的模型。当形式逻辑发挥作用时，可以成为极佳的捷径。

然而，逻辑本身也面临着挑战。首先，并不是机器能得出的每一个推论都是有用或相关的。给定"狗的妈妈也是狗"这个规则和"莱西是只狗"这个事实，天真幼稚的系统，很可能因不断追踪无关紧要的结论而停滞不前，比如"莱西的妈妈是只狗""莱西妈妈的妈妈是只狗""莱西的妈妈的妈妈的

---

① 严格地说，你需要的知识库比我们在此提供的更为复杂。举例来说，上面的语句（1）不适用于已经位于电梯井底部的物体，需要更加精确的语句。这也是一个很好的例子，说明为什么以既灵活又充分的方式精确地指明正确的知识是极富挑战性的任务。

妈妈是只狗"等等，所有这些都是正确的，但不太可能对现实世界产生影响。同样，天真幼稚的推理引擎若试图理解汤普森为什么要去拍自己口袋，也可能会走进死胡同，推断出：汤普森的口袋可能在裤子上；他可能是在服装店买的裤子；汤普森先生买裤子的时候，那家服装店有个老板；服装店的老板可能在汤普森先生买裤子的那天吃过早饭——诸如此类，都是些与我们关注的问题并不相关的信息。认知科学家有时称这种挑战为"框架问题"，这也是自动推理领域的一个核心焦点。[30] 虽然这个问题尚未被完全解决，但已取得了重大进展。[31]

或许还有一个更大的挑战：形式逻辑系统的目标是对一切精益求精，但在真实世界中，我们需要处理的很多东西都是模糊不清的。判断 1939 年苏联与芬兰之间的冬季战争是否属于第二次世界大战的一部分，这个问题从逻辑角度考虑并不比从分类学角度考虑更加容易。更宽泛地说，我们一直在讨论的这种形式逻辑，只能将一件事做得很好：它允许我们利用确定的知识，应用始终有效的规则，来推导出同样确定的新知识。如果我们完全确定艾达有一部 iPhone，而且我们完全确定苹果公司会生产所有的 iPhone，那么我们就可以确定艾达拥有苹果公司生产的产品。但是，生活中又有什么是完全确定的呢？正如伯特兰·罗素（Bertrand Russell）曾写的一样："人类所有的知识都是不确定、不精确和不完整的。"[32]

然而，不知何故，我们人类竟然能搞得定。

当机器有朝一日也能做到同样的事情，以人类一般的流畅性来对不确定、不精确和不完整的知识进行表征和推理时，灵活而强大的广义 AI 时代便终于拉开了帷幕。[33]

常识，深度理解的关键

让推理步入正轨，找到正确的方式来对知识进行表征，专注于正确的领域，如时间、空间和知识，都是解决方案的一部分，也可以帮助我们达到丰富认知模型和深度理解的目标，这些正是改变 AI 范式最急需的东西。

为了让理想变成现实，我们还需要从根本上重新思考学习是如何进行的。我们需要创造出一种能利用上现有知识的全新学习方式，而不是每遇到一个领域，都要固执地从零开始。当下的机器学习领域，目标与此恰恰相反。研究人员和工程师总是将关注点集中在特定的窄任务上，想要从一张白纸开始，凭借一己之力把事情做成。人们心存美好的幻想，盼着有一个魔法系统（根本不存在），最终能通过观看 YouTube 视频便学会所有需要了解的一切，而无须事先掌握任何知识。但是，我们找不到任何证据来证明这个幻想可能成真，整个领域也没有朝着这个方向有所进步。这种说法充其量不过是个空头支票——现在的 AI 视频理解，太过粗糙、太不精确。

举例来说，监控系统可能可以在视频中识别出一个人在走路状态下和跑步状态下的区别，但不能识别给自行车开锁和偷自行车之间的区别。就算在最好的情况下，当前的系统所能做的，也只是给视频贴标签，而且实际效果也的确不怎么样，从我们之前看到的诸多错误案例中便可见一斑。现在没有哪个系统能看明白《斯巴达克斯》，搞清楚里面的情节是怎么回事；或者从关于阿曼佐的影片中推断出人类喜欢钱，不喜欢丢钱包；更无法将维基百科和整个互联网中关于钱包和人类的全部信息进行消化吸收，去提高自身的能力。给视频打标签，和对视频中讲述的故事加以理解完全不是一码事，也与随着时间的发展逐步掌握关于整个世界如何运作的知识搭不上边。

至少我们认为，所谓的无监督视频系统，应该能在看过《罗密欧与朱丽叶》之后，告诉我们一些关于爱情、讽刺和人际关系的信息。这个目标实在是太过荒诞不经，与现实情况的距离要以光年计。到目前为止，我们能提出的最靠谱的问题，只能是极窄的技术问题，比如"视频中的下一帧会是怎样的"。如果我们提问，罗密欧若从未见过朱丽叶则会发生什么，系统会找不到做出任何回答的根据。对于系统来说，这个问题的荒谬程度，就像是让比目鱼去打篮球一样。

除此之外，我们也不能将小娃娃和洗澡水一起泼出去。显而易见，如果我们想要取得进步，关键就是要找到更为复杂、以知识为基础的学习思路。莱纳特通过 CYC 积累的经验告诉我们，对机器需要知道的所有东西进行人工编码，并不现实可行。机器必须要自己去学习很多东西。我们可能需要用人工编码的方式，教会机器锋利的硬刀片可以切割软质材料的事实，但随后，人工智能应该能在此基础之上去学习刀、奶酪刨丝器、割草机和搅拌机的工作原理，而不需要人工编写这些机制的代码。

纵观历史，AI 一直在两个极端之间横冲直撞：要么一切都由人工编写代码，要么一切都让机器自己学习。通过积累更多贴有标签的照片，就可以对狗的分类系统进行改进。然而，将割草机的工作原理与刀的工作原理通过做类比进行学习，则是完全不同的做法。太多的研究工作，都集中在前者上，而将后者完全置之不顾。给刀的图片贴标签，不过是学习像素之中的相同规律，而若想理解刀的作用，则需要拥有对形态和功能的更加深刻的知识，掌握形态与功能间的相互关系。对刀的作用（和危险性）加以理解，不是积累多少图片的问题，而要对因果关系进行理解和学习。进行婚礼策划的数字助理，不能只知道人们通常会将刀和蛋糕带到婚礼现场，还应该知道刀是用来切蛋糕的，而如果这场婚礼不用蛋糕，而是选用了专门定制的婚礼奶昔，那么就需要额外订购一批吸管。若想到达这样的高度，我们需要将学习提升到全新的水平上来。

对人类心智的研究让我们明白一个道理，最终还是要去寻找某种妥协：我们需要的不是每件事都要从头学起的白板，也不是为每一个可能构想出来的紧急情况都事先做好精准到全部细节的系统，而是在强健的先天基础之上，精心构建而出的混合模型，允许系统在概念和因果层面上学习新事物；我们需要的是能够对理论进行学习，而不仅仅是对孤立事实进行学习的系统。史培基强调的"核心"系统，例如对个人、地点和物体进行跟踪的系统，是经典 AI 的标准配备，但在机器学习中几乎被彻底摒弃。这样的系统可能是个不错的起点。

简而言之，我们给出的实现常识并最终实现通用人工智能的方案如下：首先开发出能够表征人类知识核心框架的系统——时间、空间、因果关系、关于物理对象及其相互作用的基本知识、关于人类及其互动的基本知识。将这些内容嵌入可以自由扩展到各种知识的架构之中，始终牢记抽象、组合性和个体跟踪的核心原则。开发出强大的推理技术，可以处理复杂、不确定和不完整的知识，并可以自上而下和自下而上地自由工作。将这些内容与感知、操作和语言联系起来。利用这些去构建关于世界的丰富的认知模型。最后的重点是：受人类心智的启发，构建一种学习系统，利用人工智能拥有的全部知识和认知能力；能将其学到的知识融入先验知识之中；就像孩子一样，从每一个可能存在的信息来源中如饥似渴地学习——与世界互动，与人互动，阅读，观看视频，甚至是得到直接教导。将所有这些都融为一体，我们就能到达深度理解的境界。

这是个艰巨的任务，但这正是我们必须要去做的。

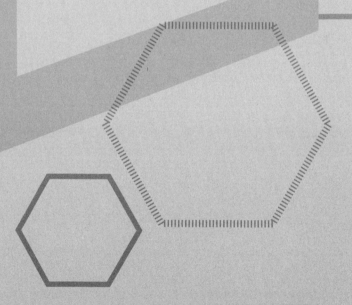

第 8 章 | 创造可信的 AI

Rebooting AI:
Building Artificial
Intelligence We
Can Trust

神的做事方式永远跟造神者保持一致。

佐拉·尼尔·赫斯顿《告诉我的马》

把人扔出去是不好的。

2013 年迪斯尼电影《冰雪奇缘》中，安娜对雪巨人"棉
花糖"的忠告。编剧，珍妮弗·李

如我们所见，与那些只依赖于统计数据的机器相比，拥有常识、对周遭事物产生真正理解的机器会更加可靠，并能给出更加可信的结果。但我们还需要首先考虑另外几个因素。

优秀的工程实践

值得信赖的人工智能，需要在法律和行业标准的监管之下，以优秀的工程实践为起步，而从目前来看，相应的法律和行业标准基本都不存在。到现在为止，太多的人工智能都是短期解决方案的堆砌，不过是一堆可以让系统立即开始工作的代码，而缺乏其他行业司空见惯的关键工程保障。举例来说，类似汽车开发过程中的标准工序——压力测试（碰撞测试、天气挑战等）这样的质保手段，在人工智能领域中几乎不存在。人工智能可以从其他工程业务中学到很多东西。

　　例如，在安全性要求极高的场合中，优秀的工程师总是会在计算最小值的基础之上，将结构和设备的设计增强一些。工程师如果预期电梯的载重量不超过 0.5 吨，就会确保电梯的实际载重量能达到 5 吨。建网站的软件工程师，如果预期每天有 1000 万访问量，就会确保服务器能处理 5000 万的访问量，以应对突然启动的宣传活动。而未能提前留出余量，则无异于直接向灾难敞开大门。众所周知，挑战者号航天飞机上的 O 形环在温暖的天气下运转正常，但在寒冷天气的发射过程中，却导致了灾难性的失败。如果我们预期无人驾驶汽车的行人检测装置达到 99.9999％ 正确率就算合格，那么我们就应该在小数点后面再加一位，将目标定为 99.99999％ 的正确率。

　　目前，人工智能领域还未设计出能够做到这一点的机器学习系统，甚至还未设计出程序来确保系统会在给定的容错范围内工作，而汽车零部件制造商或飞机制造商则一直是这么做的。想象一下，汽车发动机制造商称其发动机在 95％ 的情况下都能工作，而对发动机可以安全运行的温度只字不提。人工智能领域有个不成文的习惯，如果 AI 在大多数情况下管用，那就已经够好的了。但在利害攸关的情形下，这样漫不经心的态度则不合时宜。如果对人们发布在 Instagram 上的照片进行自动识别，而准确率只有 90％，还是可以接受的，但如果警察开始利用此系统在监控照片中寻找嫌疑人，那 90％ 的可靠性则远远不够。谷歌搜索可能不需要压力测试，但无人驾驶汽车肯定需要。

　　优秀的工程师在设计时，还要考虑意外发生时的应对手段。他们意识到，无法详细地预测到所有可能出问题的方式，因此需要将备用系统囊括进来，在意外情况发生时可以直接调用。自行车有前刹车和后刹车，一部分原因就是为了给出足量的冗余：如果一个刹车失灵，第二个刹车依然可以将自行车停下来。航天飞机上装有 5 台相同的计算机，这些计算机可以互相进行诊断，并在出现故障时作为备份。通常情况下，4 台计算机处于运行状态，另一台随时待命，只要 5 台计算机中的任何一台处于运行状态，航天飞机就可以正常运转。[1]同样，无人驾驶汽车系统也不应该仅使用摄像头，还应该使用 LIDAR 激光雷达（一种使用激光测量距离的设备），以实现部分冗余。埃隆·马斯克多年来一直声称，他的自动驾驶系统不需要激光雷达。[2]从工程学的角度来看，考虑到当前机器视觉系统的局限性，这样的做法散发着危险的气息，令人惊讶不解。毕竟，他的绝大多数主要竞争对手都在使用激光雷达。

在关键业务系统出现严重问题的情况下，为了防止不可挽回的灾难发生，优秀的工程师会预先准备好最后一招——在系统中纳入失效保护机制。旧金山的缆车有三层刹车装置：最基本的是轮子制动器，可以抓住车轮；当轮子制动器不起作用时，还有轨道制动器，就是将几条轨道推到一起迫使缆车停下来的大木块；当轨道制动器不起作用时，还有紧急刹车，一根巨大的钢棍从天而降，卡在轨道上。[3]紧急刹车装置掉下来之后，必须将钢棍弄断，才能让缆车再次通行；但再怎么麻烦，也比停不下车来要好。

优秀的工程师还知道，任何事件的发生都要有与其相对应的时机和场合。在设计新产品时，利用颠覆性的创新设计做实验，很可能会从此改变游戏规则，而对于安全至上的应用来说，通常还是要仰仗那些百试不爽的旧技术。控制电网的人工智能系统，并不适合让某位受追捧的研究生来实验他推出的最新算法。

忽视安全防范措施的长期风险可能更加严重。比如，数十年来，在网络世界的许多关键领域基础设施严重不足，极易受到意外故障和恶意网络攻击的破坏。[①]包括从联网家用电器到汽车等实物在内的物联网，是出了名的不安全。在一项著名实验中，"白帽黑客"控制了一位记者正行驶在高速公

---

① 事故和恶意攻击有所不同，但也存在共同因素。一扇关不严的门，可能在暴风雨中被风吹开，也可能被窃贼拉开。类似的事情在网络空间也同样存在。

路上的吉普车。⁴还有一个巨大的薄弱环节就是 GPS。各种各样的计算机操作设备都依赖于 GPS。GPS 不仅要为自动驾驶指方向，还要为电信、商业、飞机和无人机等各行各业提供位置和时间。然而，若想对 GPS 动点手脚，进行封锁或搞点恶作剧，则相当容易，而后果可能是灾难性的。⁵

2018 年 7 月，有报道称，美国电网、供水、核电站、航空和制造系统遭到了黑客入侵。2018 年 11 月，美国的供水系统被形容为"网络罪犯的完美目标"。⁶如果电影导演想拍一部以不久的将来为背景的世界末日科幻电影，那么这种场景将比天网要可信得多，而且能制造出同样可怕的效果。不久之后，网络犯罪分子也同样会尝试去破坏人工智能。

挑战还不止于此。新技术一旦部署，就需要加以维护。优秀的工程师会提前进行系统设计，以便于维护。汽车发动机必须能用，操作系统必须有安装升级的途径。

人工智能行业和其他领域也是一样的。例如，能识别其他车辆的自动驾驶系统，需要在新车型上市时进行无缝更新，而且如果最初的那位程序员离职，新员工应该很清楚如何对最初那位程序员设置的内容进行修复。目前，人工智能由大数据和深度学习所主导，由此而生的那些难以理解的模型，调试和维护的难度很高。

如果说鲁棒工程的一般原则能像应用于其他领域一样应用于人工智能，那么我们还应该从软件工程领域中借鉴许多专用的工程技术。

比如，经验丰富的软件工程师日常使用模块化设计。软件工程师在开发解决重大问题的系统时，会将问题分解成各个组成部分，并为每个部分打造出单独的子系统。工程师了解每个子系统的功能，因此可以分别进行编写和测试，而且工程师也知道子系统之间应如何交互，这样就可以检查彼此之间的连接是否能正常工作。例如，网络搜索引擎的顶层有一个爬虫程序，可以从网上收集文档；有一个索引程序，可以根据文档的关键词对其进行索引；有一个检索程序，可以使用索引查找用户查询的答案；有一个用户界面，负责与用户沟通的细节；等等。而上述每一个子系统，都是由更小的子系统构建而成的。

由谷歌翻译带火的端到端机器学习，对此表现出公然无视。这种策略能获得短期收益，但却需要付出代价。诸如"怎样在计算机中对句子的意义进行表征"这样的重要问题，被搁置到了未来，并没有得到真正解决。而这也使得如今的系统很难甚至不可能与未来的系统相集成。正如 Facebook 人工智能研究部的研究主管利昂·伯杜（Leon Bottou）所言："要将传统软件工程与机器学习结合起来，仍然存在很多的问题。"

当然，我们还需要靠谱的评测标准，找到对 AI 进展进行评估的方法，从而确切地知道，我们的辛劳和汗水没有白费，是真的在推动我们走向货真价实的 AI。目前看来，对通用人工智能进行测试的最著名的衡量标准就是图灵测试。[7] 图灵测试给出的挑战，是看机器能否成功骗过由三位测试者组成的小组，让他们误认为机器是人。而在我们看来，这个测试其实没什么用。

虽然从表面来看，这个测试以开放的方式面向现实世界，并以常识作为潜在的关键组成部分，但在现实情况下，图灵测试也很容易被刻意操纵。自 1965 年聊天机器人伊丽莎出现以来的几十年间，人们已经清楚地认识到，普通人很容易被各种各样与智能毫无关联的小花招所愚弄，比如通过假装出偏执、少不更事，或扮成对本地语言不甚熟悉的外国人来对问题进行回避。最近，一个名叫尤金·古斯特曼（Eugene Goostman）的获奖程序把这三种情况合为一体，假装成了一个来自敖德萨的调皮捣蛋的 13 岁孩子。人工智能的目标不应该是愚弄人类，而应该是以有用的、强大的、鲁棒的方式对这个世界加以理解并采取行动。图灵测试达不到这个目的。我们需要找到更好的方法。[8]

　　幸运的是，近年来，一些研究人员提出了图灵测试的替代方案，由此也带来了一系列的挑战，包括语言理解、对身体和精神状态的推断、YouTube视频理解、基础科学和机器人能力。[9-14]对电子游戏进行学习的系统，之后若能将学到的技能迁移到其他游戏之中，可能也是一个方向。[15]更令人佩服的则是机器人科学家，这些机器人能读懂"100 个儿童科学实验"，将实验做出来，理解实验所证明的内容，还能理解如果用稍有不同的方法做这些实验会发生什么现象。无论如何，关键目标始终都是向"灵活推理的机器"前进，早日实现能以鲁棒的方式将自身所学推及新情况的机器。如果没有更好的标准，我们就很难在追寻真正智能的道路上获得成功。

　　最后，人工智能科学家必须积极行动起来，尽可能不去构建那些有失控风险的系统。例如，能够设计并制造其他机器人的机器人，就应在极度谨慎和密切的监督下完成设计。以大自然中的入侵生物为例，在某些环境中，如果此生物能够自我繁殖，就会无限增殖、泛滥成灾，数量呈指数级增长。如果机器人能以我们目前未知的方式对自身进行变化和改进，那么不可预见的危险就会变得更加不堪设想。

　　同样，至少目前看来，具备自我意识的机器人会何去何从，我们完全无法预知。就像所有技术一样，AI 也有可能造成意想不到的后果，而且 AI 的这种风险可能比其他技术更大。我们将潘多拉的盒子打开得越大，冒的风险也就越大。目前看来，AI 存在的这类风险较低，但我们没有理由无忧无虑地假定人类发明的任何东西都能由我们一手掌控，并带着这样的心态去玩火。

　　在人工智能安全领域，我们对一种软件工程技术的潜在贡献持谨慎乐观的态度。这种技术被称为程序验证（program verification），是一套用于形式验证程序正确性的技术，至少迄今为止更适合用于经典人工智能，而非机器学习。这类技术使用形式逻辑来验证计算机系统是否正常工作，以及是否避免特定类型的 bug①。我们希望，程序验证可以用来提高人工智能组件顺利执行任务的概率。

每一件插入计算机的设备，如扬声器、麦克风或外部磁盘驱动器等，都需要设备驱动。设备驱动是一个运行设备并允许计算机与设备进行交互的程序。这些程序通常是极其复杂的代码段，可以长达数十万行。由于设备驱动程序必须与计算机操作系统的核心部分紧密交互，驱动程序代码中的 bug 曾经是一个很大的问题。由于设备驱动程序通常是由硬件制造商编写的，而不是由构建操作系统的软件公司编写的，因此问题就变得更为尖锐。

在很长一段时间里，这类问题常常搞得天下大乱，许多系统因此而崩溃，直到 2000 年，微软公司颁布了一套严格的规则，并要求设备驱动程序在与 Windows 操作系统交互时必须遵守这套规则。为了确保规则得到严格遵守，微软还提供了一个名为静态驱动验证器（Static Driver Verifier）的工具，该工具利用程序验证技术来对驱动程序的代码进行推理，以确保驱动程序遵规守纪。[16] 此系统一经就位，系统崩溃的情况便直线下降。

人们还用类似的推理系统检查其他大型程序和硬件设备中特定类型的 bug。空客客机的计算机控制程序就得到了验证，也就是获得了正式的数学保证，不存在会导致其复杂软件系统崩溃的 bug。[17] 卡内基·梅隆大学和约翰斯·霍普金斯大学的一支由航空航天工程师和计算机科学家组成的团队将程序验证与物理学推理结合起来，验证飞机上使用的避免碰撞程序是否可靠。[18]

---

① 计算机领域专业术语，意为漏洞。——编者注

当然，程序验证也有局限性。验证可以估算出飞机在不同环境下的响应，但无法保证人类飞行员会按照规程去驾驶飞机，无法保证传感器会正常工作（波音 737MAX 的两次致命空难或许与此有关），也无法保证维修人员永远不会偷工减料，更不能保证零部件供应商会始终交付符合规格的产品。[19]

但是，对软件本身进行验证，确保其不会崩溃，是一个非常重要的起始点，比其他替代方案要强很多。我们不希望飞机软件在飞行途中重启，当然也不希望机器人在忙着组装书架时突然系统崩溃，更不希望机器人突然将我们的女儿当作入侵者来处理。

人工智能研究人员应努力思考如何将程序验证这项工作的精神本质移植过来，在此基础之上，他们还应思考，具有深刻理解能力的工具本身，可以怎样开启新的途径，让机器对软件的正确性、可靠性和鲁棒性进行推理。

至少，随着技术的进步，证明系统能避免某些类型的错误，也许会成为一种可能，比如：在正常情况下，机器人不会跌倒或撞到东西；机器翻译的输出内容从语法角度来讲是正确的。更乐观地来看，人工智能本身的认知能力还可能带着我们走得更远，最终模仿出资深软件架构师的水平，构想出他们的软件如何在各种各样的环境中工作，从而对编码和调试进行改进。

我们在本书中检视的每一种技术，都需要整个行业付出埋头苦干的努力和持之以恒的耐心。我们之所以要强调努力和耐心这两个"大道理"，是因为我们所提倡的耐心，很容易在一时冲动之下就被忽视，很多情况下，甚至被人们认为没有价值。硅谷的创业者所渴望的，往往是"快速行动，打破常规"，嘴里喊的口号是"在竞争对手之前抢先将产品投放市场，之后再去考虑这里面的问题"。[20] 这种做法的缺点是，凭借这样的思路做出来的产品通常只能在某个范围内工作，而当情况发生变化时，则需要彻底推倒重建，要么就是产品只适用于演示，而不适用于真实世界。这就是所谓的"技术债务"：你按照自己的思路，做出了满是 bug 的第一版产品，但随后若想让系统拥有鲁棒性，就只能推倒最初的权宜之计，重建基础，并因此连本带息地付出代价。[21] 对于社交媒体公司来说，这么做可能没问题，但对机器人管家公司来说就不一样了。社交网络产品中的偷工减料，最多只能导致系统崩溃，用户无法登录，虽对公司不利，但负面影响也仅此而已，不会对用户造成多大伤害；而无人驾驶汽车或机器人管家若是偷工减料，就会要了人命。

对于优秀的 AI 设计来说，不存在屡试不爽的灵丹妙药，这个道理就和工程设计一样。我们必须要应用许多融合性的技术，使它们协调发生作用；此处的讨论只是一个开端。

用深度理解取代深度学习

深度学习和大数据驱动方法还带来了其他一些挑战，部分原因就在于这些技术与传统软件工程的工作模式完全不同。

从网络浏览器到电子邮件客户端，从电子表格到视频游戏，世界上的大多数软件都不以深度学习为基础，而是由经典的计算机程序所构成的，也就是说，是由人类根据特定任务而精心编写的冗长而复杂的指令集所构成的。计算机程序员的任务是对某项任务进行理解，并将该任务转换成计算机能够理解的指令。

除非要编写的程序极其简单，否则程序员很可能无法一次写正确，程序出问题的情况实在是家常便饭。程序员的主要任务就是识别 bug，也就是软件中的错误，并对这些 bug 进行修复。

假设我们的程序员想要构建《愤怒的小鸟》的克隆版本，在这个版本中，为了阻止肥胖症的大流行，必须将燃烧的老虎投进不断驶来的比萨车中。程序员需要设计或调整一个物理引擎，确定游戏世界的定律，在老虎起飞后对其进行跟踪，看老虎是否会与卡车相撞。程序员需要建立一个图形引擎，让老虎和比萨车拥有漂亮的外观，并建立一个系统，对用户操纵这些倒霉老虎的指令进行跟踪。每一个组件背后，都存在一个理论，反映了我希望老虎先做这个，然后当别的事情发生时再做那个，还存在计算机实际执行程序时真正会发生的情况。

在视频游戏中找 bug

运气好的时候，一切按部就班：计算机会去执行程序员想让它做的事情。运气不好的时候，程序员可能会遗漏一个标点符号，或者忘记正确地设置某个变量的初始值，或者存在其他无数种小差池。结果就是得到了不按路线飞行的老虎，或是突然出现在不该出现地方的比萨车。程序员自己可能会发现错误，或者软件在发布给内部团队之后，由团队发现错误。如果这个bug 足够隐蔽，使其只会在异常的情况下导致问题的发生，那么可能几年都不会有人发现。

但是，所有的调试从本质上都是一样的：都是为了识别出"程序员想让程序做什么"跟"程序（由只按字面意思工作的计算机所执行）实际在做什么"之间的差距，并确定这一差距的具体情况。程序员希望老虎在与卡车相撞的瞬间消失，但出于某种原因，在 10% 的情况下，老虎的图像在碰撞之后仍然存在，而程序员的工作就是找出原因所在。这里没有魔法，当程序正常工作时，程序员知道为什么会表现正常，其背后遵循的逻辑是什么。而一旦确定了导致 bug 的潜在原因，就不难理解为什么有些东西不能工作了。因此，只要找到导致 bug 的原因，就会很容易补救。

相比之下，像药理学这样的领域则完全不同。例如阿司匹林，在人们对其作用机理有清晰认识之前，就已经在人体中发挥了多年的药效，而生物系统是如此复杂，我们很难完全彻底地搞明白某种药物的作用机理。副作用是普遍现象，而非例外情况，因为我们不能像调试计算机程序那样去寻找药物之中的 bug。我们对药物如何发挥作用的理解大多是模糊不清的，我们所知道的许多情况只是来自实验数据：做个药物试验，发现这种药对人的帮助比伤害要大，而且伤害也不是那么严重，于是我们便决定这种药物可以使用。

人们之所以对深度学习心怀担忧，其中一个原因就在于，与传统的计算机编程相比，深度学习在很多方面更像是药理学。从事深度学习的人工智能科学家，大体上能理解为什么经过大量样本训练的网络可以在新问题上模仿这些样本。但是，针对特定问题选定的网络设计还远远不是一门精确的科学，更多是由实验而不是理论来指导。只要这个网络经过训练去执行任务，其工作过程就变得非常神秘。最终我们得到的是一个复杂的节点网络，其行为由数亿的数值参数来决定。[22] 除了极其罕见的情况之外，构建网络的人都不了解其中单个节点的功能，不明白为什么其中任意一个参数具有特定的值。关于系统为什么会在正确运行时得到正确答案，在错误运行时出现错误答案，完全没有明确的解释。如果系统不能正常工作，那么若想解决问题，就只能不断试错，要么对网络体系结构进行微调，要么构建起更好的训练数据库。出于这个原因，机器学习研究和公共政策领域最近都在大力提倡"可解释的人工智能"，但目前还没有产生明确的成果。[23]

而可以用来使系统变得更优秀、更可靠的大量人类知识，却被我们视而不见，因为没人知道怎么将这些知识与深度学习工作流程相集成。在视觉领域，我们知道很多与物体形状和图像相关的知识，以及大量的成像知识。在语言领域，我们知道很多关于语言结构的知识：音系学、句法、语义和语用学，等等。在机器人领域，我们知道很多关于机器人的物理知识及其与外部物体相互作用的知识。但是如果我们使用端到端的深度学习来构建一个应用于上述领域的人工智能程序，那么所有的知识都会被抛弃，根本没有办法对其加以利用。

如果 Alexa 配备一个精心设计的常识系统，就不会突然无缘无故地咯咯笑，它就能意识到，人们只会在回应特定情况时才会笑，比如听到笑话和试图化解尴尬时。具备常识能力之后，Roomba 就不会把狗屎弄得到处都是，它会认识到，遇到狗屎就需要拿出一种不同的解决方案，至少应该会去寻求帮助。Tay 会意识到，许多人会因为它的仇恨言论而觉得受到冒犯，而假想中的机器人管家，则会小心翼翼地在倒酒过程中尽量不将玻璃杯打碎。如果谷歌图片对世界的真实情况有一个更加清晰的认识，就会意识到，很多很多的母亲并非白人。而且在具备常识的机器人眼中，我们人类变身为回形针的可能性会显著降低。随后我们会对此进行详细解释。

事实上，当前人工智能所做的很多愚蠢透顶、不合时宜的事情，在那些拥有深度理解能力而不仅仅是深度学习能力的程序中，完全可以避免。如果 iPhone 知道"dead"是什么意思，知道应该在什么时候祝别人生日快乐，就不会自动更正出"Happy Birthday, dead Theodore"这样的错误。如果 Alexa 知道人们可能会想和哪个人交流什么样的话题，就会在把家庭成员的私密对话发送给随机联系人之前再三确认。牲畜发情预测程序也能意识到，如果并没有预测到奶牛的发情期，那么它就没有发挥应有的作用。

　　我们之所以如此信任他人，部分原因就在于我们认为，只要有同样的证据，他人也会得出与我们相同的结论。如果我们想要将同样的信任赋予机器，就需要对机器怀有同样的期望。如果我们去野外露营，两个人同时发现 2.5 米高的北美野人（又名"大脚怪"）活生生地站在眼前，而且大脚怪看起来肚子很饿，那么我希望你能根据你所知道的灵长类动物和食欲相关知识，与我一起下结论，认为这样一个大脚怪可能对我们十分危险，我们应该立刻开始想怎么逃跑。我不想在展开行动之前和你就这个问题争论一番，也不想拿出 10000 个带着标签的露营者例子，看看他们在类似的遭遇中是幸存下来还是不幸遇难。

被北美野人袭击时，机器人还在数据中寻找想法

　　建立鲁棒的认知系统，必须从建立对世界拥有深度理解的系统开始，这

个理解要比统计数据所能提供的更加深刻。这项工作本应成为人工智能领域的核心焦点，而目前却只占人工智能事业整体之中的一小部分。

赋予机器道德价值观

最后，为了值得人类信赖，机器还需要由其创造者赋予道德价值观。常识可以让机器知道，将人从楼上扔下去会要了此人的命；你需要通过价值观来确定，这样做不是一个好主意。对机器人基本价值的经典表述，是艾萨克·阿西莫夫（Isaac Asimov）于 1942 年提出的"机器人三定律"：

> 机器人不得伤害人类，或因不采取行动而任由人类受到伤害。
>
> 机器人必须服从人类的命令，与第一条定律相冲突的命令除外。
>
> 机器人必须保护自身的存在，前提是这种保护不违背第一、第二定律。[24]

对于机器人在日常生活中必须做出的许多简单的道德决定，阿西莫夫定律是适用的。当一个机器人同伴帮主人去商店购物时，不能偷东西，就算主人让机器人去偷东西也不行，因为那样会伤害到店主的利益。当机器人送主人回家时，不应该将其他行人推到一边，就算这样能让主人更快到家也不行。在可能导致伤害的特殊情况下，一个简单的不说谎、不欺骗、不偷盗、不伤害的规则，就涵盖了很多情况。

正如匹兹堡大学伦理学家德里克·莱本（Derek Leben）所指出的一样，在许多其他案例中，情况开始变得更加模糊。除了身体伤害之外，机器人还需要考虑到哪些类型的伤害：财产损失、名誉损失、失业、朋友反目成仇？[25] 机器人需要考虑到哪些间接伤害：如果机器人将咖啡洒在已经结冰的人行道上，后来有人走到这里滑倒了，那么洒咖啡的行为是否违反第一条定律？机器人需要参与到何种程度，才能让人类不因自身的不作为而受到伤害？在你读这句话的时间里，4 个人将会死去，试图阻止这些死亡的发生，是机器人的责任吗？无人驾驶汽车，即轮式机器人，若在任何时候都在思考自身可能出现的地方，那么就永远也开不出家门。

还存在一些道德困境，比如，在许多案例中，无论机器人做什么都会有人会受伤。[26] 就像马库斯在 2012 年《纽约客》中发表的向菲莉帕·富特（Philippa Foot）的电车难题致敬的文章一样：无人驾驶汽车若碰到一辆载满孩子的失控校车朝桥边冲去，应该怎么办？无人驾驶汽车应该牺牲自己和车主来拯救一车的孩子，还是不惜一切代价保护自己和车主？[27] 阿西莫夫的第一条定律在这里派不上用场，因为不管怎样都会有人丧生。

现实生活中的道德困境往往没有那么黑白分明。第二次世界大战期间，存在主义哲学家让 – 保罗·萨特（Jean-Paul Sartre）的一名学生在两个选择之间左右为难。这名学生觉得自己应该加入自由法国军队，参加战争，但他的母亲对他有着极强的情感依赖——他的父亲抛弃了母亲，弟弟被杀害。正如萨特所说："没有通用的道德准则能告诉你应该怎么做。"[28] 也许在遥远的将来，我们可以制造出能解决这类问题的机器，但是目前来看，摆在我们眼前的还有更加紧迫的使命。

目前水平的人工智能不知道战争是什么，更不知道在战争中作战意味着什么，或者母亲或国家对个人而言有着怎样的意义。其实，摆在我们眼前的挑战并非那些微妙的东西，而是要确保人工智能不会去做那些明摆着不道德的事情。如果一个数字助理想要帮助手头没什么现金的人，怎么才能阻止人工智能用彩色打印机去打印钞票呢？如果有人要求机器人制假钞，机器人可能会觉得这样做没有什么危害：在将来，任何人都不会因此受到伤害，因为机器人制作出来的假钞是无法被检测出来的，而且可能觉得，由于额外的支出刺激了经济，整个世界还会变得更加美好。普通人看来完全错误的太多事情，对机器来说却完全合理。与此同时，我们也希望机器人不会陷入想象而非现实之中的道德困境，花太多的时间去思考是否要从发生火灾的建筑物中救人，只因为居住者的曾孙在未来的某一天可能会对其他人造成伤害。

绝大多数时候，人工智能所面临的挑战，不是在极端特别的情况下获得成功，不是要去解决苏菲的选择或萨特学生的困境，而是要在寻常情况下正确地做事，比如"此时此刻在这个房间里用锤子钉钉子，是否会给人类带来伤害，对哪个人存在怎样的风险"或者"如果我为梅琳达把这个药偷回去，会产生怎样的恶劣影响？梅琳达买不起药"。

我们知道如何构建模式分类器来区分狗和猫，区分黄金猎犬和拉布拉多犬，但是没有人知道如何构建模式分类器，利用定律来识别"伤害"或"冲突"。

当然，也需要及时更新的法律实践。我们需要经由法律规定，任何以开放的方式与人类互动的人工智能，都必须理解并尊重人类的核心价值观。例如，现有的针对盗窃和谋杀的禁令，像对人类一样，同样适用于人工智能，以及那些对人工智能进行设计、开发和部署的人。深度人工智能将允许我们在机器中构建价值，但这些价值也必须反映在创造和运营这些机器的人和公司之中，以及围绕在机器周围的社会结构和激励机制之中。

价值观、深度理解、优秀的工程实践以及强大的监管和执行框架，所有这些一经就位，业内一些最令人烦扰的问题，比如被大量讨论的博斯特洛姆的回形针案例，就会逐渐消失。[29]

博斯特洛姆思维实验的前提是，超级智能机器人会尽其所能实现设定的任何目标。乍一看，这个实验令人感觉似乎有些无情的意味。在这个案例中，机器人的目标是制作尽可能多的回形针。以回形针数量最大化为目标的机器人，为了找到尽可能多的回形针原材料，从征用所有现成的金属开始，当现成的金属用光之后，就会开始开采宇宙中所有可用的其他金属，并在此过程中发展出星际旅行的能力，最终，当其他主要的金属来源都开采殆尽之后，机器人就会开始挖掘人体之中的微量的金属原子。正如埃利泽·尤德考斯基（Eliezer Yudkowsky）所言："人工智能既不恨你，也不爱你，但你是由原子组成的，而人工智能可以利用这些原子来做其他事情。"[30] 埃隆·马斯克（在 Twitter 上评论了博斯特洛姆的著作）似乎也受到了这种思路的影响，开始担心人工智能有朝一日会"召唤恶魔"。[31]

但这段构想出来的未来，其中的一些前提假设是有问题的：博斯特洛姆假设我们将会拥有一种超级智能，足够聪明到能实现星际旅行，并对人类有充分的理解，而且还肯定会抗拒自身被作为金属来进行开采，却拥有极少的常识，以至于从未意识到它所执行的任务既是毫无意义的（毕竟，谁会用得了这么多回形针？），又违背了最基本的道德公理（如阿西莫夫定律）。

我们不清楚，是否有可能建立起这样一个系统，在拥有超级智能的同时完全缺乏常识和基本价值观。你能构建起拥有足够理论知识的人工智能，能将宇宙中所有的物质都变成回形针，却对人类的价值观完全一无所知吗？当我们考虑到建立超级智能所需的常识知识，就会发现，一个超级智能机器若能高效地将回形针数量最大化，同时对其行为后果完全没有意识，是根本不可能的。如果一个系统足够聪明，能够规划出对物质进行重新利用的超大型项目，那么它肯定也足够聪明，能够推断其预期行动的结果，并认识到这些潜在行动与核心价值观之间的冲突。[32]

利用常识，再加上阿西莫夫第一定律，以及在出现大量人员死亡时完全关闭人工智能的失效保护措施，就应该足以阻止将回形针数量最大化的人工智能继续运行。

当然，回形针故事的粉丝们，还可以对情节进行无限延伸——如果将回形针数量最大化的人工智能特别擅长欺骗人类呢？如果机器不允许人们将其关掉怎么办？尤德考科斯基认为，那些认为人工智能无害的人，只不过是在做拟人化处理：他们在无意识的情况下推理认为，既然人类或多或少都会心怀善意，或者至少大多数人都不想毁灭全人类，那么人工智能也会以同样的方式存在。[33] 在我们看来，最好的解决方案既不是让事情顺其自然，也不是让机器直接从现实世界中推断出其自身的所有价值观，如果这样做，将会遇到类似聊天机器人 Tay 出口成"污"的风险。我们应该构建出一些结构良好的核心伦理价值观，应该出台法律规定，要求具有广义 AI、强大到足以造成重大伤害的系统，要以足够深度的方式对这个世界进行理解，以便能够理解自身行动的后果，并将人类福祉纳入它们所作的决定之中。一旦采取了这些预防措施，不合理地过分追求最大化并造成严重有害后果的做法就应该是非法的，而且很难实施下去。①

因此，从目前来看，我们可以先暂时不用担心回形针，而是集中精力让我们的机器人具备足够的常识，使机器人在遇到可疑目标时能及时识别出来。我们还应该注意，从一开始就不要发布完全开放式的指令。正如我们所强调的，除了回形针最大化问题之外，还有其他更紧迫的问题需要人类调动最优秀的头脑去冥思苦想，比如如何让机器人管家能够可靠地推断出自己的哪些行为会造成伤害，哪些不会造成伤害。

---

① 当然，也存在灰色地带。一个具有常识和价值观的以广告最大化为目标的人工智能机器，是否应该阻止敌国干扰本国人民的新闻推送？一个受强制价值体系约束的约会服务应用程序，是否应该允许通过向用户提供无穷无尽的诱惑，来篡改现有的恋爱关系？理性的人们，可能会对允许什么、不允许什么持有不同意见。

有利的一面是，在众多技术中，人工智能或许是独一无二的，因为它具有降低自身风险的逻辑潜力。刀具不能推断出自身行为的后果，但人工智能或许有一天能做到这一点。

重启 AI

我们都是在孩提时代通过科幻小说第一次了解人工智能的，我们总是对已经取得的成就和尚未完成的目标心怀惊叹。一块小小的智能手表，其中所包含的内存、计算能力和网络技术，让我们无比震撼，甚至在几年前，我们都没有预料到语音识别技术会如此迅速地普及开来。但真正的机器智能，距离我们开始思考人工智能时的预期，还差得很远。

我们最大的恐惧，不是机器会试图消灭我们或将我们变成回形针，而是对人工智能的渴望会超出我们的掌控。我们目前的系统与常识毫无关联，但我们却越来越依赖它们。真正的风险不是超级智能，而是被赋予权力的"白痴专家"，比如能够瞄准人类作为目标的自主武器，没有价值观能够约束它，再比如人工智能驱动的新闻推送，由于缺少超级智能，只关注短期利益而忽视了长期价值。

就目前而言，我们正处于一种过渡时期：具有自主性和网络化的狭义 AI，并不具备真正的智能，无法推断出自身能力可能带来的后果。假以时日，人工智能将变得更加复杂，我们越早让机器对其行为的后果进行理性思考，效果就越好。

所有这些，都与本书通篇的主题直接相关。我们已经认证，总体来看，人工智能走错了路，目前的大量工作都致力于打造相对没那么智能的机器，这些机器执行的任务都很窄，主要依赖于大数据，而不是我们所说的深度理解。我们认为这是一个巨大的错误，因为这就导致了某种形式的人工智能青春期，机器不清楚自身的力量，也没有能力去考虑自己行为的后果。

短期的解决办法，是对我们亲手构建的人工智能进行限制，确保 AI 不可能去做任何可能产生严重后果的事情，并纠正我们发现的每一个错误。但从长期来看，甚至从短期来看，这样做都无法解决问题。我们经常是头痛医头脚痛医脚，而不是给出全面的解决方案。

摆脱这种混乱局面的唯一方法，就是着手建造具备常识、认知模型和强大推理工具的机器。将上述能力结合为一体，可以形成深度理解，这本身就是构建能可靠预测并评估自身行为结果的机器的先决条件。只有整个行业将注意力从统计模拟和对大数据的严重而肤浅的依赖上转移过来，这场伟大的事业才能正式启动。我们要用更加优秀的人工智能来治愈有风险的人工智能，而通往更加优秀人工智能的阳光大道，就是打造对世界拥有真正理解的人工智能。

可信的 AI，也就是基于推理、常识性价值和良好工程实践的人工智能，无论是出现在 10 年之后还是百年之后，有朝一日若真能实现，定会掀起一场巨大的变革。

在过去的 20 年间，我们已经见证了重大的技术进步。这些进步主要是以从零学起的"白板"机器学习的形式，在大数据集的基础之上，应用于语音识别、机器翻译、图像标注等领域。[1] 我们不认为这一趋势会停止发展。图像和视频标签的技术水平将继续进步；聊天机器人会变得更加优秀；机器人操纵和抓取物体的能力也将继续提高。我们将看到越来越多的对社会有益的新颖应用，例如使用深度学习来跟踪野生动物和预测余震。[2] 当然，在我们所呼吁的 AI 重启之路铺展开来之前，在广告、宣传、虚假新闻以及监控和军事应用等不那么善意的领域，人工智能也会取得进展。

但最终，所有这些都不过是开胃小菜而已。若干年后回望历史，真正的转折点不会是 2012 年深度学习的重生，而是通过常识和推理上的突破，人工智能获得对世界深刻理解的时刻。

这意味着什么？没有人知道，因为谁都无法假装自己有能力预测未来的所有分支。在 1982 年的电影《银翼杀手》中，世界上到处都是先进的人工智能复制人，他们看起来和人类几乎没有什么区别。然而在一个关键时刻，哈里森·福特（Harrion Ford）饰演的里克·狄卡（Rick Deckard）在一个公用电话前停下来打了个电话。[3] 在现实世界中，用手机取代付费电话要比构建人类级别的人工智能容易得多，但电影摄制组中没有人预料到这个时代问题。在任何关于技术突飞猛进的预测中，无论是我们做出的还是别人做出的预测，都必然会存在一些非常明显的偏差。

但是，我们至少能以事实和推理为基础，做出一些有根据的猜测。首先，由深度理解所驱动的人工智能，将是首款可以像孩子一样学习的人工智能，以轻松、强大而持续不断的方式扩展对世界的认识。通常情况下，它只需要接触一两个关于新概念或新情况的例子，就可以创建出一个有效的模型。同时，这个产品也将是首款可以真正理解小说、电影、报纸故事和视频的人工智能。具有深度理解能力的机器人，将能够安全地在现实世界中四处移动，实际操作各种物体和物质，识别物品的用途，并与人建立舒适而自由的互动。

计算机只要能对这个世界和我们所说的内容产生理解，就拥有了无限的可能性。首先，搜索会变得更加精准便捷。许多困扰当前技术的问题，比如"目前谁在最高法院任职""谁是 1980 年最高法院年龄最大的法官"《哈利·波特》里的魂器有哪些"，对机器来说就是小菜一碟。还有很多我们现在连做梦都不敢想的问题会得到完美解答，比如编剧可以对未来的搜索引擎说："找一个短篇故事，其中讲到某国领导人成为另一个国家的特务，用于改编电影。"天文爱好者可以提问："下一次木星的大红斑会在什么时间出现？"而答案则会考虑到当地天气预报和天文情况。你可以告诉视频游戏，你希望自己的化身是一头穿着扎染衬衫的犀牛，而不用从一堆预先设置的选项中进行选择。你还可以让电子阅读器对你阅读过的每一本书进行跟进，并根据不同的文学体裁和作者所在的大洲，对你花在每部作品上的阅读时间进行排序。

与此同时，数字助理将能够拥有与人类助理几乎同样的工作能力，而且更大众更普惠，让所有人都能用得起，而不仅仅是为富人服务。想为 1000 名员工策划一次集体活动吗？具备深度理解能力的数字助理，将会完成大部分的工作，既能搞清楚需要购买什么物品，也能想明白需要给谁打电话，发提醒，将谷歌 Duplex 希望做到的事情囊括进来，也就是给别人打电话并进行互动交流，但不只是用预先设定的脚本来预约理发师或餐厅座位，而是能够执行规模庞大的定制化操作，过程中可能涉及数十位员工和各行各业的分包商，从主厨到摄影师全部包括在内。你的数字助理将兼任协调人和项目经理两个职责，管理上百人日程表中的一部分内容，而不仅仅关注你自己这一份。

计算机也将变得更加容易使用，从此再也不需要仔细阅读帮助菜单，也无须记住键盘快捷键。如果你想要所有的外语词汇都变成斜体，就可以直接提要求，而不用自己一个字一个字地看一遍整篇文档。想从 40 个不同的网页上复制 40 种不同的食谱，自动将所有的英制单位转换为公制单位，并将食谱中的所有原料添加量都按照做 4 人份的比例进行调整？你需要做的，就是直接把要求提出来，用英语也好，用其他你想用的语言也罢，而不用再去特意寻找一款拥有上述功能的应用程序。从本质上讲，我们现在用电脑做的所有那些乏味无聊的事情，都可以自动完成，根本不用那么麻烦。互联网上充斥着有关"Chrome 的烦恼"和"PowerPoint 的烦恼"的网页，这些问题的细节虽小，但十分重要，而企业软件开发人员却未能预见这些意外事件的发生。[4] 这些让用户大为恼火的问题都将消失。随着时间的推移，从中获得的全新的自由，将像网络搜索一样彻底改变人们的生活。而其深远的影响力，甚至会超越网络搜索。

《星际迷航》的全息甲板也将成为现实。想在基拉韦厄火山喷发时飞越上方鸟瞰全景吗？想要陪伴佛罗多去末日火山吗？只要提出要求就能做到。在《头号玩家》(Ready Player One) 的著作和电影中想象出来的令人炫目的虚拟现实世界，将成为所有人都能体验到的服务。我们已经知道如何让图像达到极致的逼真，而具有深度理解能力的人工智能，也将使丰富而复杂的类人角色成为可能。就这一点而言，具备复杂心理活动的外星人也将成为可能，他们的身体构造和思维方式与我们截然不同，而人工智能则可以在此基础之上构思出这些外星人的合理选项。

与此同时，机器人管家也将变得实用，而且足够值得信赖，可以让人心无挂碍地放在家里，它们会做饭、打扫、整理、购买日用物品，甚至还能更换灯泡和擦窗户。而对于无人驾驶汽车来说，深度理解很可能也是令其拥有真正安全性的不二法宝。

随着时间的推移，令机器拥有普通人对世界的理解能力的这些技术，可以进一步得到扩展，达到人类专家的理解能力，超越基本常识，发展到科学家或医生所拥有的那种专业能力。

当这种理解能力成为现实之后，也许再过几十年，经过大量的努力，机器将能够开始进行专家级的医学诊断，分析法律案件和文件，教授复杂的科目，等等。当然，政治问题仍将存在，我们依然要想办法说服医院，让管理者认为更加优秀的人工智能从经济角度来讲是有意义的，而由机器发明出来的更加优质的能源，也需要人们真正愿意去接受。但是，只要人工智能的水平足够高，许多技术挑战都将首次被攻克。

计算机编程也将最终实现自动化，任何人的发明创造能力，无论是创业还是发明某种艺术形式，都将比现在强大得多。建筑业也将发生变化，因为机器人将能从事木匠和电工等熟练工种；新房子的建筑时间将会缩短，成本也会降低。几乎所有脏活累活和危险工作，就算需要专业知识，也将实现自动化。救援机器人和消防机器人将会得到广泛使用，出厂时就具备各种技能，从心肺复苏到水下救援无所不包。

艺术家、音乐家和各行各业的业余爱好者，也将得到人工智能助手的加持，极大提升其所在领域的覆盖面。想和机器人乐队一起练习披头士的曲子，或指挥由机器人组成的完美和谐的交响乐队吗？想和老婆一起与大威小威 ① 的授权复制版一起来网球双打吗？没问题。想要用乐高积木搭一座一比一的城堡，还有机器人在里面比武吗？想要在下次去参加火人节活动的时候，用无人机摆出巨石阵吗？人工智能将帮助你完成其中的每一项计算任务，机器人将去做大部分的实际工作。各行各业的人们，都有能力去做他们以前从未想过的事情，每个人都可以作为整个机器人助手团队的创意总监。人们也会有更多的空闲时间，去让人工智能和机器人来承担日常生活中单调乏味的工作。

当然，整个行业的发展也不太可能齐头并进。我们很可能会在某些领域，如定量科学的特定领域，率先达到专家水平的深度理解，而其他领域的人工智能仍然在为达到儿童级水平而努力。完美的音乐助手很可能会比完美的人工智能律师助理的诞生要早很多年。

终极目标就是能够自学成才，达到任何领域专家水平的机器。我们相信，这样的机器早晚都会成为现实。

---

① 大威小威是指著名网球运动员维纳斯·威廉姆斯（Venus Williams）和塞雷娜·威廉姆斯（Serena Williams）。——编者注

最终，软件将具备人类专家同等的灵活性与强大直觉，一旦将机器的强大计算能力和这样的软件结合起来，科学发现的速度也会大大加快。

到那一天，一台先进的计算机就能做到一整个经过严格训练的人类团队所能做到的事情，甚至能做到人类无法做到的事情。举例来说，我们无法在头脑中记住成千上万的分子之间的相互关系，更无法达到机器与生俱来的数学精准度。拥有如此高级的人工智能，我们就有可能在结合大量神经数据的基础之上，利用复杂的因果推理，来搞清楚大脑究竟是如何运转的，怎样制造出能治愈精神障碍的药物——这一领域 30 年来几乎没取得什么进展，因为如今我们对大脑的了解实在太少。我们还有理由认为，拥有真正科学能力的人工智能，还可以帮我们设计出可用于农业和清洁能源领域的更加高效的技术。这些不可能很快实现，也不可能轻易实现，因为人工智能实在太过艰深。但一切终将实现。

并不是说我们可以从此高枕无忧。往好处看，如果彼得·戴曼迪斯是正确的，那么随着自动化在各行各业的普及，物质将会极大丰富，从日用商品到电力，许多东西的价格也将越来越低。[5] 在最理想的情况下，人类会实现奥斯卡·王尔德所描绘的图景："自娱自乐，或享受有教养的闲暇……制作美丽的东西，阅读美丽的文字，或仅仅是用欣赏和快乐的眼光去观察这个世界，（用）机器……做所有必要而令人不快的工作。"[6]

但现实一点来看，就业机会很可能会变得越来越稀缺，关于基本收入保障和收入再分配的大讨论，很可能比现在更加剑拔弩张。就算经济问题能得到解决，许多人也可能需要改变自身获取自我价值感的方式，一旦大量非技术工种发展到自动化阶段，人们需要从先前很大程度上对工作的依赖，转变到从艺术和创意写作等个人项目中寻找充实感的模式。当然，一定会有全新的工作机会，比如机器人维修，至少在一开始这项工作是很难得到自动化的，但我们不能假定新的职业将全部替代旧有职业。社会的结构将会发生很大的变化，人们的休闲时间越来越多，商品的价格越来越低，枯燥乏味的工作极大地减少，而就业机会也减少了许多，还可能会出现更大的收入不平等。我们有理由认为，人工智能的认知革命将像工业革命一样，点燃社会变革的燎原大火。有些变化是积极的，有些变化是消极的，而许多变化都是剧烈的。解决人工智能的问题并不是包治百病的万灵药，但我们认为，只要我们能在发展人工智能的道路上时刻保持明智与谨慎的态度，人工智能在科学、医学、环境和技术等领域所能做出的贡献，会令全人类在整体上向积极的方向发展。

这是否意味着，我们的后代将生活在一个物质极大丰富的世界中，将几乎所有的难题都交给机器来处理，而人类则是一副优哉游哉的闲暇状态，就像王尔德和戴曼迪斯所憧憬的那样？会生活在一个可以将自我拷贝上传到云端的世界中，就像库兹韦尔所说的那样？在想象之中才能实现的医学进步的带动下，能以伍迪·艾伦更加传统的方式实现真正的永生，也就是说永远不会逝去？可以将我们的大脑与硅芯片融为一体？"技术宅男的狂欢"① 可能就在明天，也可能还很遥远，甚至永远不会到来。我们无从得知。

公元前 600 年，当泰勒斯（Thales）开始研究"电"的时候，他知道自己发现了某种意义非凡的东西，但当时的条件还不可能预料到这东西的确切用途。他肯定想不到，有朝一日，电会引发社交网络的发展，会孕育出智能手表、维基百科这样神奇的事物。由此看来，若想在当下预测出人工智能未来的发展走向，或是人工智能在千年之后，哪怕是 500 年之后对整个世界形成的影响，实在是夜郎自大。

---

① 技术奇点到达之后发生的事情，源自科幻小说 *The Rapture of the Nerds*。——译者注

　　我们所知道的，就是人工智能正在不断发展的过程之中，所以，我们最好尽自己最大的力量，确保接下来会发生的一切都是安全、可信、可靠的，并在我们的引导之下，让人工智能尽可能地为全人类提供帮助。

　　而朝这一目标前进的最佳路线，就是跳出大数据和深度学习这个框架，走向更具鲁棒性的全新的人工智能——经过精心工程设计的，出厂就预装价值观、常识和对世界深度理解的人工智能。

我们这本书的目标就是教育和挑战，以解释 AI 和机器学习是如何工作的，以及如何改进它们。在某种程度上，我们成功了，我们得到了同事、朋友和家人无可替代的帮助。包括马克·阿克巴（Mark Achbar）、乔伊·戴维斯（Joey Davis）、安妮·杜克（ Annie Duke）、侯世达、赫克托·莱韦斯克、凯文·莱顿 - 布朗（Kevin Leyton-Brown）、维克·莫哈尔、史蒂芬·平克、菲利普·罗宾（Philip Rubin）、哈里·希勒（Harry Shearer）、曼努埃拉·维洛佐、雅典娜·乌陆马诺斯（Athena Vouloumanos ）和布拉德·怀布尔（Brad Wyble）在内的很多人都友善地阅读并评论了整个书稿。乌里·阿舍尔（Uri Ascher）、罗德尼·布鲁克斯（Rodney Brooks)、戴维·查默斯（David Chalmers）、阿尼梅希·加格（Animesh Garg）和凯西·奥尼尔等朋友还就具体章节给出了宝贵的意见。我们还要感谢卡伦·贝克（Karen Bakker）、利昂·伯杜、扎克·利普顿、米西·卡明斯、佩德罗·多明戈斯、肯·斯坦利（Ken Stanley）、悉尼·莱文（Sydney Levine）、奥默·利维（Omer Levy）、本·施耐德曼（Ben Schneiderman）和 安德鲁·桑德斯特罗姆（Andrew Sundstrom）。是他们为我们提供源源不断的信息和指点。尤其是哈里·希勒，他一直在给我们发有趣的内容，其中有几条被收录进了这本书。

马扬·哈雷尔迷人且诙谐的绘画使这本书充满了生气。我们也要感谢迈克尔·阿尔科恩（Michael Alcorn）、安尼施·阿塔莱（Anish Athalye），汤姆·布朗（Tom Brown）、凯文·埃克霍尔特（Kevin Eykholt）、福岛邦彦、加里·卢普言（Gary Lupyan）、泰勒·维根（Tyler Vigen）和奥里奥尔·维尼亚尔斯（Oriol Vinyals），感谢他们允许我们使用其创作的图片和艺术品。还要特别感谢史蒂芬·平克和侯世达，他们允许我们在书中引用他们的著作。

我们还要感谢我们的经纪人丹尼尔·格林伯格（Daniel Greenberg），他帮助我们联系上了编辑爱德华·卡斯滕迈尔（Edward Kastenmeier）。

这里，还需要单独感谢四个人。爱德华·卡斯滕迈尔给了我们一个框架，这个框架除了提供大量出色和有见地的编辑改进建议之外，还对组织论点的提出提供帮助。史蒂芬·平克 30 年来一直是马库斯的灵感来源，他让我们重新思考我们该如何构建整本书。安妮·杜克在短暂参观了扑克世界锦标赛后，刚刚回归认知科学，她就如何更好地吸引外行读者提供了奇妙的见解。和以往一样，雅典娜·乌卢玛诺斯扮演了两个角色：永远支持马库斯的妻子和近乎职业水平的编辑，她每次都能找到几十种微妙而有力的方式，从根本上提高我们的写作水平。

我们非常感激所有人。

人工智能概览：

人工智能领域的优秀教材，为行业整体给出最全面介绍的一部著作，就是斯图尔特·罗素（Stuart Russell）和彼得·诺维格撰写的《人工智能：一种现代的方法》（*Artificial Intelligence: A Modern Approach*）。

著名机器人学家，Roomba 的发明者罗德尼·布鲁克斯最近推出的在线系列文章"机器人与人工智能的未来"（Future of Robotics and Artificial Intelligence），非常值得一读，也与本书的主旨不谋而合。布鲁克斯在文章中加入了大量精彩的细节内容，既涉及机器人学的实际情况，也谈及人工智能的发展史。

对人工智能的怀疑：

关于人工智能，始终存在一些持相反意见的人士。这一类型的早期作品，包括约瑟夫·魏岑鲍姆的《计算机力量与人类理性》（*Computer Power and Human Reason*），休伯特·德雷福斯的《计算机不能做什么》，加里·史密斯（Gary Smith）的《人工智能错觉》（*The AI Delusion*），哈里·柯林斯（Harry Collins）的《人工智能：反对人类屈服于计算机》（*Artificial Intelligence: Against Humanity's Surrender to Computers*），以及梅雷迪思·布鲁萨尔（Meredith Broussard）的《人工不智能：计算机对世界的误解》（*Artificial Unintelligence: How Computers Misunderstand The World*），都是类似风格的新书。

AI 的利害相关：

最近出版了几本关于人工智能短期和长期风险的重要著作。凯西·奥尼尔的《算法霸权》和弗吉尼亚·尤班克斯的《自动化的不平等：高科技工具对穷人的剖析、管制与惩罚》（*Automating Inequality: How High-Tech Tools Profile, Police, and Punish the Poor*）讨论了政府、保险公司和雇主等机构使用大数据和机器学习所固有的潜在社会弊端。

机器学习与深度学习：

佩德罗·多明戈斯撰写的《终极算法》之中的核心章节，是可读性很强的机器学习技术入门内容，其中关于机器学习的每种主要方法都有特定的章节进行介绍。特伦斯·塞诺斯基（Terrence Sejnowski）的《深度学习革命》（*The Deep Learning Revolution*），从历史角度用传记的手法讲述了深度学习的故事。最近有关机器学习的重要教材，包括凯文·墨菲（Kevin Murphy）的《机器学习：概率视角》（*Machine Learning: A Probabilistic Perspective*）和伊恩·古德费洛（Ian Goodfellow）、约书亚·本吉奥和亚伦·库维尔（Aaron Courville）的《深度学习》（*Deep Learning*）。网上有很多免费的机器学习软件库和数据集，包括 Weka 数据挖掘软件、Pytorch、fast.ai、TensorFlow、扎克·利普顿的交互式 Jupyter 笔记本和吴恩达在 Coursera 上的热门机器学习课程。使用这些资源的指南，包括安德里亚斯·穆勒（Andreas Muller）和莎拉·吉多（Sarah Guido）的《Python 机器学习基础教程》（*Introduction to Machine Learning with Python*）和弗朗索瓦·肖莱（Francois Chollet）的《Python 深度学习》（*Deep Learning with Python*）。

用于阅读的人工智能系统：

在这一领域，并没有几本著作是专门为外行读者编写的，但相关教科书通常包含大量非专家也可以读懂的部分。标准教材是丹尼尔·杰拉夫斯基（Daniel Jurafsky）和詹姆斯·H. 马丁（James H. Martin）的《语音与语言处理》（*Speech and Language Processing*），克里斯托夫·曼宁（Christopher Manning）和欣里希·许策（Hinrich Schütze）的《统计自然语言处理基础》（*Foundations of Statistical Natural Language Processing*）。克里斯托夫·曼宁、普拉巴卡尔·拉格万（Prabhakar Raghavan）欣里希·许策的《信息检索导论》（*Introduction to Information Retrieval*）对 web 搜索引擎和类似程序进行了很好的介绍。与机器学习一样，网上也有相关的软件库和数据集，为人们广泛使用的是 https://www.nltk.org 上的自然语言工具包（通常缩写为 NLTK）和 https://stanfordnlp.github.io/CoreNLP/ 上的斯坦福核心 NLP。史蒂文·伯德（Steven Bird）、尤安·克莱因（Ewan Klein）和爱德华·洛珀（Edward Loper）撰写的《Python 自然语言处理》（*Natural Language Processing with Python*），是在程序中使用 NL:TK 的指南。侯世达的文章《谷歌翻译的肤浅性》（The Shallowness of Google Translation, *The Atlantic*, 2018 年 1 月 30 日）对当前机器翻译方法的局限性进行了有趣而深刻的分析。

机器人学：

除了上面提到的罗德尼·布鲁克斯的在线文章之外，关于机器人学的有用的科普文章非常稀缺。马修·梅森（Matthew Mason）于 2018 年发表的一篇优秀的研究性文章《走向机器人操控》（Toward Robotic Manipulation），讨论了生物操控和机器人操控。凯文·林奇（Kevin Lunch）和弗兰克·帕克（Frank Park）合著的《现代机器人：机械、规划与控制》（*Modern Robotics: Mechanics, Planning and Control*）是一本入门级教科书。史蒂文·拉瓦列（Steven LaValle）的《规划算法》（*Planning Algorithms*），介绍了机器人运动和操作的高层级规划。

心智：

此领域的作品非常丰富。我们特别喜欢的，包括：史蒂芬·平克在语言学领域的大作《语言本能》（*The Language Instinct*）、《词汇与规则：语言的成分》(*Words and Rules：The Component of Language*)；认识论领域的作品有平克的《心智探奇》和《思想本质》(*The Staff of Thought*)，盖瑞·马库斯的《乱乱脑》(*Kluge*)，丹尼尔·卡尼曼的《思考，快与慢》；现象学领域的作品有丹尼尔·丹尼特（Daniel Dennett）的《头脑风暴》(*Brainstorms*)和伯特兰·罗素的《人类知识：其范围与限度》(*Human Knowledge：Its Scope and Limits*)。马库斯于 2001 年出版的技术内容较多的作品《代数思维》(*The Algebraic Mind*)，预见到了许多对当代深度学习产生深远影响的问题。

常识推理：

本书作者最近的一篇文章《人工智能中的常识推理与常识知识》(Commonsense Reasoning and Commonsense Knowledge in Artificial Intelligence）与第 7 章内容相似，但篇幅更长，包含更多细节。赫克托·莱韦斯克的《常识、图灵测试和对真实人工智能的探索》(*Common Sense, the Turing Test,and the Quest for Real AI*)也认为，常识推理是实现真正智能的关键一步。欧内斯特·戴维斯的《常识性知识表征》(*Representations of Commonsense Knowledge*)，是一本运用数理逻辑来表征常识性知识的教科书。由弗兰克·范哈默伦（Frank van Harmelen）、弗拉基米尔·利夫席茨（Vladimir Lifschitz）和布鲁斯·波特（Bruce Porter）共同编辑的《知识表征手册》(*Handbook of Knowledge Representation*)是一套有用的调查集，可用于更深入的研究。朱迪亚·珀尔和达纳·麦肯齐（Dana Mackenzie）合著的《为什么：关于因果关系的新科学》(*The Book of Why: The New Science of Cause and Effect*)讨论了自动因果推理。

信任：

温德尔·沃勒克（Wendell Wallach）和科林·艾伦（Colin Allen）合著的《道德机器：教会机器人懂得是非》(*Moral Machines: Teaching Robots Right from Wrong*)，由帕特里克·林（Patrick Lin）、基思·阿布尼（Keith Abney）

和乔治·贝基（George Bekey）编辑的《机器人伦理：机器人学的道德和社会影响》（*Robot Ethics: The Ethical and Social Implications of Robotics*），讨论了将道德意识注入机器人和人工智能系统会出现的问题。

超级智能：

尼克·博斯特洛姆的《超级智能：路线图、危险性与应对策略》（*Superintelligence: Paths, Dangers, Strategies*），认为人工智能将不可避免地走向"奇点"，出现智能的急速飞升，超越人类的控制能力。博斯特洛姆描述了从反乌托邦到世界末日的各种情景，讲述了这些发展对人类意味着什么，并讨论了确保人工智能保持仁慈和善良的各种可能的开发策略。

人工智能的未来：

讨论到人工智能对人类生活和社会长期影响的著作，包括：迈克斯·泰格马克（Max Tegmark）的《生命 3.0：人工智能时代，人类的进化与重生》（*Life 3.0: Being human in the Age of Artificial Intelligence*）；彼得·戴曼迪斯和史蒂芬·科特勒（Steven Kotler）撰写的《富足》；詹姆斯·巴拉特（James Barrat）撰写的《我们最后的发明：人工智能与人类时代的终结》（*Our Final Invention: Artificial Intelligence and the End of the Human Era*）；罗曼·亚姆波尔斯基（Roman Yampolsky）的《人工智能：一种未来主义方法》（*Artificial Intelligence: A Futuristic Approach*）；布里翁·里斯（Bryon Reece）的《第四时代：智能机器人、智能计算机和人类的未来》（*The Fourth Age: Smart Robots, Conscious Computers, and the Future of Humanity*）。托比·沃尔什（Toby Walsh）的《思考的机器：人工智能的未来》（*Machines that Think: The Future of Artificial Intelligence*），对人工智能在短期和长期未来的影响展开了广泛讨论，尤其深刻讨论了对就业的影响。他还讲到目前正在进行的许多不同类型的发展，从研究实验室到组织再到原则声明等，这些发展在总体上确保人工智能保持安全和有益的状态。

第1章

1. McCarthy, Minsky, Rochester, and Shannon, 1955. Simon, 1965, 96.

2. Minsky, 1967, 2.

3. Kurzweil, 2002.

4. Peng, 2018.

5. Ford, 2018.

6. Vanderbilt, 2012.

7. IBM Watson Health, 2016.

8. Fernandez, 2016.

9. IBM Watson Health, undated.

10. IBM Watson Health, 2016.

11. *The Economist,* 2018.

12. Cade Metz, 2015.

13. Davies, 2017.

14. Davies, 2018.

15. Brandom, 2018.

16. Herper, 2017.

17. Ross, 2018.

18. BBC Technology, 2016.

19. Müller, 2018.

20. Newton, 2018.

21. Zogfarharifard, 2016.

22. Diamandis and Kotler, 2012.

23. Quoted in Goode, 2018.

24. Simonite, 2019.

25. Bostrom, 2014.

26. Kissinger, 2018.

27. McFarland, 2014.

28. D'Orazio, 2014.

29. Molina, 2017.

30. Stewart, 2018; Damiani, 2018.

31. Zhang and Dafoe, 2019.

32. Cuthbertson, 2018.

33. "Computers Are Getting Better than Humans at Reading": Pham, 2018.

34. Rajpurkar, Zhang, Lopyrev, and Liang, 2016.

35. Linn, 2018.

36. Weston, Chopra, and Bordes, 2015.

37. Oremus, 2016.

38. Rachel Metz, 2015.

39. Zhang and Dafoe, 2019.

40. Lardieri, 2018.

41. Deng et al., 2009.

42. Silver et al., 2018.

43. Leviathan, 2018.

44. Estava et al., 2017.

45. Vincent, 2018d.

46. Roy et al., 2018.

47. Lecoutre, Negrevergne, and Yger, 2017.

48. Briot, Hadjeres, and Pachet, 2017.

49. Zhang, Chan, and Jaitly, 2017.

50. He and Deng, 2017.

51. Hazelwood et al., 2017.

52. Matchar, 2017.

53. Hall, 2018.

54. He et al., 2018.

55. Metz, 2017.

56. Falcon, 2018.

57. Fabian, 2018.

58. Bughin et al., 2018.

59. Kintsch and van Dijk, 1978; Rayner, Pollatsek, Ashby, and Clifton, 2012.

60. Marcus and Davis, 2018.

61. Romm, 2018.

62. Lippert, Gruley, Inoue, and Coppola, 2018; Romm, 2018; Marshall, 2017.

63. Statt, 2018.

64. Leviathan, 2018.

65. Callahan, 2019.

66. Wikipedia, "List of Countries by Traffic-Related Death Rate."

67. Marcus, 2018a; Van Horn and Perona, 2017.

68. Ross, 1977.

69. Weizenbaum, 1966.

70. Weizenbaum, 1965: 189−90.

71. Levin and Woolf, 2016.

72. Fung, 2017.

73. McClain, 2011.

74. Missy Cummings, email to authors, September 22, 2018.

75. Vincent, 2018.

76. AlphaStar Team, 2019.

77. Vinyals, 2019.

78. Vinyals, Toshev, Bengio, and Erhan, 2015.

79. Vinyals, Toshev, Bengio, and Erhan, 2015.

80. Stewart, 2018.

81. Huff, 1954.

82. Müller, 2018.

83. Dreyfus, 1979.

第2章

1. O'Neil, 2017.

2. Thompson, 2016; Zhou, Gao, Li, and Shum, 2018.

3. Bright, 2016. The Tay debacle has been set to verse in Davis, 2016b.

4． Chokshi, 2018．

5． Greenberg, 2017．

6． Solon, 2016．

7． Matsakis, 2018．

8． Dastin, 2018．

9． Porter, 2018；Harwell and Timberg, 2019．

10． Liao, 2018．

11． Harwell, 2018．

12． Parker, 2018．

13． Campolo, 2017．

14． Seven, 2014．

15． Canales, 2018．

16． Evarts, 2016；Fung, 2017．

17． Pinker, 2018．

18． Parish, 1963．

19． Zito, 2016．

20． Mazzei, Madigan, and Hartocollis, 2016．

21． Turkle, 2017．

22． Coldewey, 2018．

23． Koehn and Knowles, 2017．

24． Huang, Baker, and Reddy, 2014．

25． Hosseini, Xiao, Jaiswal, and Poovendran, 2017．

26． Lewis, 2016．

27． Hoffman, Wang, Yu, and Darrell, 2016．

28． Sweeney, 2013．

29． Vincent, 2018a．

30． O'Neil, 2016b．

31． Buolamwini and Gebru, 2018．

32． Vincent, 2018b．

33． Corbett and Vaniar, 2018．

34． NCES, 2019．

35． Dastin, 2018．

36． Lashbrook, 2018．

37． Wilson, Hoffman, and Morgenstern, 2019．

38. Venugopal, Uszkoreit, Talbot, Och, and Ganitkevitch, 2011.

39. Dreyfuss, 2018.

40. Hayes, 2018.

41. Wilson, 2011.

42. O'Neil, 2016a.

43. O'Neil, 2016a, 119.

44. Krakovna, 2018.

45. Ng, Harada, and Russell, 1999.

46. Amodei, Christiano, and Ray, 2017.

47. Murphy, 2013.

48. Witten and Frank, 2000: 179 – 80.

49. Burns, 2017.

50. Hines, 2007.

51. Sample, 2017; and Walsh, 2018. Future of Life Institute, 2015.

52. Eubanks, 2018, 173.

53. Vincent, 2018b.

54. Vincent, 2018a.

第 3 章

1. Davis and Lenat, 1982; Newell, 1982.

2. Mitchell, 1997.

3. Rosenblatt, 1958.

4. *New York Times,* 1958.

5. Crick, 1989.

6. e.g., Hinton, Sejnowski, and Poggio, 1999; Arbib, 2003.

7. Barlas, 2015.

8. Oh and Jung, 2004.

9. Krizhevsky, Sutskever, and Hinton, 2012.

10. Krizhevsky, Sutskever, and Hinton, 2012.

11. Gershgorn, 2017.

12. McMillan, 2013.

13. Gibbs, 2014.

14. Joachims, 2002.

15. Hua and Sun, 2001.

16. Murphy, 2012.

17. Ferrucci et al., 2010.

18. Linden, 2002.

19. Wilson, Cussat-Blanc, Lupa, and Miller, 2018：5.

20. Domingos, 2015.

21. Bardin, 2018.

22. Ferrucci et al., 2010.

23. Garrahan, 2017.

24. Hubel and Wiesel, 1962.

25. Fukushima and Miyake, 1982.

26. Hawkins and Blakeslee, 2004；Kurzweil, 2013.

27. LeCun, Hinton, and Bengio, 2015.

28. Minsky and Papert, 1969.

29. Russell and Norvig, 2010, 761；and LeCun, 2018.

30. Rumelhart, Hinton, and Williams, 1986.

31. LeCun and Bengio, 1995.

32. Nandi, 2015.

33. Srivastava, Hinton, Krizhevsky, Sutskever, and Salakhutdinov, 2014；Glorot, Bordes, and Bengio, 2011.

34. He, Zhang, Ren, and Sun, 2016.

35. Lewis-Krauss, 2016.

36. Bahdanau, Cho, and Bengio, 2014.

37. Zhang, Chan, and Jaitly, 2017；He and Deng, 2017.

38. Gatys, Ecker, and Bethge, 2016.

39. Iizuka, Simo-Serra, and Ishikawa, 2016.

40. Chintala and LeCun, 2016.

41. Mnih et al., 2015.

42. Silver et al., 2016；Silver et al., 2017.

43. Ng, 2016.

44. Marcus, 2001.

45. Marcus, 2012b.

46. Marcus, 2018a.

47. Silver, 2016. Slide 18.

48. Bottou, 2018.

49. Rohrbach, Hendricks, Burns, Darrell, and Saenko, 2018.

50. Athalye, Engstrom, Ilyas, and Kwok, 2018.

51. Karmon, Zoran, and Goldberg, 2018.

52. Brown, Mané, Roy, Abadi, and Gilmer, 2017.

53. Evtimov et al., 2017.

54. Geirhos et al., 2018.

55. Alcorn et al., 2018.

56. Jia and Liang, 2017.

57. Agrawal, Batra, and Parikh, 2016.

58. Greg, 2018. This was widely reported, and verified by the authors.

59. Marcus, 2018a. Alex Irpan, a software engineer at Google, has made similar points with respect to deep reinforcement learning: Irpan, 2018.

60. Kansky et al., 2017.

61. Huang, Papernot, Goodfel low, Duan, and Abbeel, 2017.

62. Jo and Bengio, 2017.

63. Wiggers, 2018.

64. Piantadosi, 2014; Russell, Torralba, Murphy, and Freeman, 2008.

65. Hof, 2013.

第4章

1. Kurzweil and Bernstein, 2018.

2. Quito, 2018.

3. Deerwester, Dumais, Furnas, Landauer, and Harshman, 1990.

4. Experiment carried out by the authors, April 19, 2018.

5. Wilder, 1933.

6. Dyer, 1983; Mueller, 2006.

7. Levine, 2017.

8. Norvig, 1986.

9. Schank and Abelson, 1977.

10. Page, Brin, Motwani, and Winograd, 1999.

11. This and "What is 1.36 euros in rupees?" were experiments carried out by the authors, May 2018.
12. Experiments carried out by the authors, May 2018.
13. Experiment carried out by the authors, August 2018. The passage that Google retrieved is from Ryan, 2001–2009.
14. Bushnell, 2018.
15. Experiment carried out May 2018.
16. WolframAlpha Press Center, 2009.
17. Experiments with WolframAlpha carried out by the authors, May 2018.
18. Chu-Carroll et al., 2012.
19. Lewis-Krauss, 2016.
20. Hofstadter, 2018.
21. Kintsch and Van Dijk, 1978.
22. Kahneman, Treisman, and Gibbs, 1992.

第5章

1. IEEE Spectrum, 2015, 0:30.
2. Glaser, 2018.
3. Boston Dynamics, 2016, 1:25–1:30.
4. Hornyak, 2018.
5. Brady, 2018.
6. Ulanoff, 2002.
7. Veloso, Biswas, Coltin, and Rosenthal, 2015.
8. Lancaster, 2016.
9. Gibbs, 2018.
10. Boston Dynamics, 2017; Boston Dynamics, 2018a; Harridy, 2018.
11. CNBC, 2018.
12. Boston Dynamics, 2018c.
13. Boston Dynamics, 2018b.
14. Kim, Laschi, and Trimmier, 2013.
15. Brooks, 2017b.
16. Wikipedia, "OODA Loop."

17．Kastranakes, 2017．

18．Thrun, 2007．

19．Mason, 2018．

20．OpenAI blog, 2018; Berkeley CIR, 2018．

21．Allen, 2018．

22．Willow Garage, 2010．

23．Animesh Garg, email to authors, October 24, 2018．

24．Evarts, 2016．

第6章

1．Wissner-Gross and Freer, 2013．

2．Bot Scene, 2013．

3．Wissner-Gross, 2013．

4．Ball, 2013 a. Ball somewhat revised his views in a later blog, Ball, 2013 b.

5．Wissner-Gross, 2013．

6．Marcus and Davis, 2013．

7．Watson, 1930; Skinner, 1938．

8．Skinner, 1938．

9．Firestone and Scholl, 2016．

10．Marcus, 2008．

11．Herculano-Houzel, 2016; Marcus and Freeman, 2015．

12．Kandel, Schwartz, and Jessell, 1991．

13．O'Rourke, Weiler, Micheva, and Smith, 2012．

14．Amunts and Zilles, 2015．

15．Felleman and van Essen, 1991; Glassert et al., 2016．

16．Ramón y Cajal, 1906．

17．Chomsky, 1959．

18．Skinner, 1957．

19．Silver et al., 2016; Marcus, 2018 b.

20．Geman, Bienenstock, and Doursat, 1992．

21．Kahneman, 2011．

22．Marcus, 2008．

23. Minsky, 1986: 20.
24. Gardner, 1983.
25. Sternberg, 1985.
26. Barlow, Cosmides, and Tooby, 1996; Marcus, 2008; Kinzler and Spelke, 2007.
27. Braun et al., 2015; Preti, Bolton, and de Ville, 2017.
28. Bojarski et al., 2016.
29. Mnih et al., 2015.
30. Silver et al., 2016.
31. Pinker, 1999.
32. Marcus et al., 1992.
33. Heath, 2018.
34. Chomsky, 1959.
35. Devlin, 2015.
36. Mikolov, Sutskever, Chen, Corrado, and Dean, 2013.
37. Ping et al., 2018.
38. Devlin, 2015.
39. These and other limitations of word embeddings are discussed in Levy, in preparation.
40. Mooney is quoted with expletives deleted in Conneau et al., 2018.
41. Lupyan and Clark, 2015.
42. Carmichael, Hogan, and Walter, 1932.
43. Vondrick, Khosla, Malisiewicz, and Torralba, 2012.
44. Experiment carried out by the authors on Amazon Web Services, August 2018.
45. Piantadosi, Tily, and Gibson, 2012.
46. Rips, 1989.
47. Rosch, 1973.
48. Keil, 1992.
49. Murphy and Medin, 1985; Carey, 1985.
50. Pearl and MacKenzie, 2018.
51. Vigen, 2015.
52. Pinker, 1997; Marcus, 2001.
53. Judson, 1980.

54. Marcus, 2004.

55. Piaget, 1928.

56. Gelman and Baillargeon, 1983; Baillargeon, Spelke, and Wasserman, 1985.

57. Spelke, 1994; Marcus, 2018b.

58. Kant, 1751/1998.

59. Pinker, 1994.

60. Shultz and Vouloumanos, 2010.

61. Hermann et al., 2017.

62. Silver et al., 2017.

63. Marcus, 2018b.

64. Marcus, 2018b.

65. Darwiche, 2018.

66. LeCun et al., 1989.

第7章

1. McCarthy, 1959.

2. These results are from a test of NELL carried out by the authors on May 28, 2018.

3. Havasi, Pustejovsky, Speer, and Lieberman, 2009.

4. Singh et al., 2002.

5. McDermott, 1976.

6. Puig et al., 2018.

7. Schank and Abelson, 1977.

8. Dreyfus, 1979.

9. Davis, 2017 is a recent survey of this work. Davis, 1990 and van Harmelen, Lifschitz, and Porter, 2008.

10. Lenat, Prakash, and Shepherd, 1985. Lenat and Guha, 1990.

11. Matuszek et al., 2005.

12. Conesa, Storey, and Sugumaran, 2010.

13. Collins and Quillian, 1969.

14. Miller, 1995.

15. Schulz, Suntisrivaraporn, Baader, and Boeker, 2009.

16. Lotfi Zadeh: Zadeh, 1987.

17. Wittgenstein, 1953.

18. Woods, 1975; McDermott, 1976.

19. Brachman and Schmolze, 1989; Borgida and Sowa, 1991.

20. Davis, 2017.

21. Kant, 1751/1998. Steven Pinker argues for a similar view in *The Stuff of Thought:* Pinker, 2007.

22. Pinker, 1997, 314.

23. Benger, 2008.

24. Rahimian et al., 2010.

25. Padfield, 2008.

26. Davis and Marcus, 2016.

27. Boston Dynamics, 2016.

28. Mouret and Chatzilygeroudis, 2017.

29. Sperber and Wilson, 1986.

30. Pylyshyn, 1987.

31. Lifschitz, Morgenstern, and Plaisted, 2008.

32. Russell, 1948, 307.

33. Davis, 1990; van Harmelen, Lifschitz, and Porter, 2008.

第 8 章

1. as long as any one of the five was still running: Tomayko, 1988: 100.

2. Elon Musk claimed for years: Hawkins, 2018.

3. San Francisco's cable cars: Cable Car museum, undated.

4. "white hat hackers" were able: Greenberg, 2015.

5. Yet it is fairly easy to block or spoof: Tullis, 2018.

6. "a perfect target for cybercriminals": Mahairas and Beshar, 2018.

7. the Turing test: Turing, 1950.

8. not particularly useful: Hayes and Ford, 1995.

9. alternatives to the Turing test: Marcus, Rossi, and Veloso, 2016. See also Reddy, Chen, and Manning, 2018; Wang et al., 2018; and the Allen Institute for AI website.

10. language comprehension: Levesque, Davis, and Morgenstern, 2012.
11. inferring physical and mental states: Rashkin, Chap, Allaway, Smith, and Choi, 2018.
12. understanding YouTube videos: Paritosh and Marcus, 2016.
13. Schoenik, Clark, Tafjord, Turney, and Etzioni, 2016; Davis, 2016a.
14. Ortiz, 2016.
15. Chaplot, Lample, Sathyendra, and Salakhudinov, 2016.
16. Wikipedia, "Driver Verifier."
17. Souyris, Wiels, Delmas, and Delseny, 2009.
18. Jeannin et al., 2015.
19. Levin and Suhartono, 2019.
20. Baer, 2014.
21. Sculley et al., 2014.
22. Vaswani et al., 2017, table 3, or Canziani, Culurciello, and Paszke, 2017, figure 2.
23. Gunning, 2017; Lipton, 2016.
24. Asimov, 1942.
25. Leben, 2018.
26. Wallach and Allen, 2010.
27. Marcus, 2012a.
28. Sartre, 1957.
29. Bostrom, 2014; Yudkowsky, 2011; Bostrom and Yudkowsky, 2014; and Soares, Fallenstein, Armstrong, and Yudkowsky, 2015.
30. Yudkowsky, 2011.
31. McFarland, 2014.
32. Pinker, 2018, and in Brooks, 2017c.
33. Yudkowsky, 2011.

后记

1. Norouzzadeh et al., 2018.
2. Vincent, 2018d.
3. Harford, 2018.

4. Swinford, 2006.
5. Diamandis and Kotler, 2012.
6. Wilde, 1891.

Agrawal, Aishwarya, Dhruv Batra, and Devi Parikh. 2016. "Analyzing the behavior of visual question answering models." *arXiv preprint arXiv: 1606.07356*.

Alcorn, Michael A., Qi Li, Zhitao Gong, Chengfei Wang, Long Mai, Wei-Shinn Ku, and Anh Nguyen. 2018. "Strike (with) a pose: Neural networks are easily fooled by strange poses of familiar objects." *arXiv preprint arXiv: 1811.11553*.

Allen, Tom. 2018. "Elon Musk admits 'too much automation' is slowing Tesla Model 3 production." *The Inquirer*. April 16, 2018.

AlphaStar Team. 2019. "AlphaStar: Mastering the real-time strategy game StarCraft II."

Amodei, Dario, Paul Christiano, and Alex Ray. 2017. "Learning from human preferences." *OpenAI Blog*. June 13, 2017.

Amunts, Katrin, and Karl Zilles. 2015. "Architectonic mapping of the human brain beyond Brodmann." *Neuron* 88(6): 1086–1107.

Arbib, Michael. 2003. *The Handbook of Brain Theory and Neural Networks*. Cambridge, MA: MIT Press.

Asimov, Isaac. 1942. "Runaround." *Astounding Science Fiction*. March 1942. Included in Isaac Asimov, *I, Robot*, Gnome Press, 1950.

Athalye, Anish, Logan Engstrom, Andrew Ilyas, and Kevin Kwok. 2018. "Synthesizing robust adversarial examples." *Proc. 35th Intl. Conf. on Machine Learning*.

Baer, Drake. 2014. "Mark Zuckerberg explains why Facebook doesn't 'move fast and break things' anymore." *Business Insider,* May 2,

2014.

Bahdanau, Dzmitry, Kyunghyun Cho, and Yoshua Bengio. 2014. "Neural machine translation by jointly learning to align and translate." *arXiv preprint arXiv: 1409.0473*.

Baillargeon, Renee, Elizabeth S. Spelke, and Stanley Wasserman. 1985. "Object permanence in five-month-old infants." *Cognition* 20(3): 191–208.

Ball, Philip. 2013a. "Entropy strikes at the *New Yorker*." *Homunculus* blog. May 9, 2013.

Ball, Philip. 2013b. "Stuck in the middle again." *Homunculus* blog. May 16, 2013.

Bardin, Noam. 2018. "Keeping cities moving—how Waze works." *Medium.com*. April 12, 2018.

Barlas, Gerassimos. 2015. *Multicore and GPU Programming*. Amsterdam: Morgan Kaufmann.

Barlow, Jerome, Leda Cosmides, and John Tooby. 1996. *The Adapted Mind: Evolutionary Psychology and the Generation of Culture*. Oxford: Oxford University Press.

Barrat, James. 2013. *Our Final Invention: Artificial Intelligence and the End of the Human Era*. New York: Thomas Dunne Books/St. Martin's Press.

BBC Technology. 2016. "IBM AI system Watson to diagnose rare diseases in Germany." October 18, 2016.

Benger, Werner. 2008. "Colliding galaxies, rotating neutron stars and merging black holes—visualizing high dimensional datasets on arbitrary meshes." *New Journal of Physics* 10(12): 125004.

Berkeley CIR. 2018. Control, Intelligent Systems and Robotics (CIR). Website.

Bird, Steven, Ewan Klein, and Edward Loper. 2009. *Natural Language Processing with Python: Analyzing Text with the Natural Language Toolkit*. Cambridge, MA: O'Reilly Pubs.

Bojarski, Mariusz, et al. 2016. "End-to-end deep learning for self-driving cars." *NVIDIA Developer Blog*.

Borgida, Alexander, and John Sowa. 1991. *Principles of Semantic*

Networks: Explorations in the Representation of Knowledge. San Mateo, CA: Mor-gan Kaufmann.

Boston Dynamics. 2016. "Introducing SpotMini." Video.

Boston Dynamics. 2017. *What's New, Atlas?* Video.

Boston Dynamics. 2018a. "Atlas: The world's most dynamic humanoid."

Boston Dynamics. 2018b. "BigDog: The first advanced rough-terrain robot."

Boston Dynamics. 2018c. "WildCat: The world's fastest quadruped robot."

Bostrom, Nick. 2003. "Ethical issues in advanced artificial intelligence." *Science Fiction and Philosophy: From Time Travel to Superintelligence*, edited by Susan Schneider. 277–284. Hoboken, NJ: Wiley and Sons.

Bostrom, Nick. 2014. *SuperIntelligence: Paths, Dangers, Strategies.* Oxford: Oxford University Press.

Bostrom, Nick, and Eliezer Yudkowsky. 2014. "The ethics of artificial intelligence." In *The Cambridge Handbook of Artificial Intelligence,* edited by Keith Frankish and William Ramsey, 316–334. Cambridge: Cambridge University Press.

Bot Scene 2013. "Entropica claims 'powerful new kind of AI.' " *Bot Scene* blog. May 11, 2013.

Bottou, Léon. 2018. Foreword. In Marvin Minsky and Seymour Papert, *Perceptrons: An Introduction to Computational Geometry.* Reissue of the 1988 expanded edition, with a new foreword by Léon Bottou. Cambridge, MA: MIT Press.

Brachman, Ronald J., and James G. Schmolze. "An overview of the KL-ONE knowledge representation system." In *Readings in Artificial Intelligence and Databases,* edited by John Myopoulos and Michael Brodie, 207–230. San Mateo, CA: Morgan Kaufmann, 1989.

Brady, Paul. 2018. "Robotic suitcases: The trend the world doesn't need." *Condé Nast Traveler.* January 10, 2018.

Brandom, Russell. 2018. "Self-driving cars are headed toward an AI roadblock." *The Verge.* July 3, 2018.

Braun, Urs, Axel Schäfer, Henrik Walter, Susanne Erk, Nina Romanczuk-Seiferth, Leila Haddad, Janina I. Schweiger, et al. 2015. "Dynamic reconfig-uration of frontal brain networks during executive cognition in humans." *Proceedings of the National Academy of Sciences* 112(37): 11678–11683.

Bright, Peter. 2016. "Tay, the neo-Nazi millennial chatbot, gets autop-sied." *Ars Technica*. May 25, 2016.

Briot, Jean-Pierre, Gaëtan Hadjeres, and François Pachet. 2017. Deep learning techniques for music generation—a survey. *arXiv preprint arXiv: 1709.01620*.

Brooks, Rodney. 2017a. "Future of robotics and artificial intelligence."

Brooks, Rodney. 2017b. "Domo Arigato Mr. Roboto."

Brooks, Rodney. 2017c. "The seven deadly sins of predicting AI."

Broussard, Meredith. 2018. *Artificial Unintelligence: How Computers Misunderstand the World.* Cambridge, MA: MIT Press.

Brown, Tom B., Dandelion Mané, Aurko Roy, Martín Abadi, and Justin Gilmer. 2017. "Adversarial patch." *arXiv preprint arXiv: 1712.09665*.

Bughin, Jacques, Jeongmin Seong, James Manyika, Michael Chui, and Raoul Joshi. 2018. "Notes from the frontier: Modeling the impact of AI on the world economy." McKinsey and Co. September 2018.

Buolamwini, Joy, and Timnit Gebru. 2018. "Gender shades: Intersectional accuracy disparities in commercial gender classification." In *Conference on Fairness, Accountability and Transparency, 2018.* 77–91.

Burns, Janet. 2017. "Finally, the perfect app for superfans, stalkers, and serial killers." *Forbes*. June 23, 2017.

Bushnell, Mona. 2018. "AI faceoff: Siri vs. Cortana vs. Google Assistant vs. Alexa." *Business News Daily*. June 29, 2018.

Cable Car Museum, undated. "The Brakes." Accessed by the authors, December 29, 2018.

Callahan, John. 2019. "What is Google Duplex, and how do you use it?" *Android Authority,* March 3, 2019.

Campolo, Alex, Madelyn Sanfilippo, Meredith Whittaker, and Kate Crawford. 2017. *AI Now 2017 Report.*

Canales, Katie. 2018. "A couple says that Amazon's Alexa recorded a private conversation and randomly sent it to a friend." *Business Insider.* May 24, 2018.

Canziani, Alfredo, Eugenio Culurciello, and Adam Paszke. 2017. "Evaluation of neural network architectures for embedded systems." In *IEEE International Symposium on Circuits and Systems (ISCAS), 2017.* 1−4.

Carey, Susan. 1985. *Conceptual Change in Childhood.* Cambridge, MA: MIT Press.

Carmichael, Leonard, H. P. Hogan, and A. A. Walter. 1932. "An experimental study of the effect of language on the reproduction of visually perceived form." *Journal of Experimental Psychology* 15(1): 73.

Chaplot, Devendra Singh, Guillaume Lample, Kanthashree Mysore Sathyendra, and Ruslan Salakhutdinov. 2016. "Transfer deep reinforcement learning in 3d environments: An empirical study." In *NIPS Deep Reinforcement Learning Workshop.*

Chintala, Soumith, and Yann LeCun, 2016. "A path to unsupervised learning through adversarial networks." Facebook AI Research blog, June 20, 2016.

Chokshi, Niraj. 2018. "Amazon knows why Alexa was laughing at its customers." *New York Times,* March 8, 2018.

Chomsky, Noam. 1959. "A review of B. F. Skinner's *Verbal Behavior.*" *Language* 35(1): 26−58.

Chu-Carroll, Jennifer, James Fan, B. K. Boguraev, David Carmel, Dafna Sheinwald, and Chris Welty. 2012. "Finding needles in the haystack: Search and candidate generation" *IBM Journal of Research and Development* 56(3−4): 6:1−6:12.

CNBC. 2018. *Boston Dynamics' Atlas Robot Can Now Do Parkour.* Video.

Coldewey, Devin. 2018. "Judge says 'literal but nonsensical' Google translation isn't consent for police search." *TechCrunch,* June

15, 2018.

Collins, Allan M., and M. Ross Quillian. 1969. "Retrieval time from semantic memory." *Journal of Verbal Learning and Verbal Behavior* 8(2): 240–247.

Collins, Harry. 2018. *Artifictional Intelligence: Against Humanity's Surrender to Computers.* New York: Wiley.

Conesa, Jordi, Veda C. Storey, and Vijayan Sugumaran. 2010. "Usability of upper level ontologies: The case of ResearchCyc." *Data & Knowledge Engineering* 69(4): 343–356.

Conneau, Alexis, German Kruszewski, Guillaume Lample, Loïc Barrault, and Marco Baroni. 2018. "What you can cram into a single vector: Probing sentence embeddings for linguistic properties." *arXiv preprint arXiv: 1805.01070*

Corbett, Erin, and Jonathan Vanian. 2018. "Microsoft improves biased facial recognition technology." *Fortune.* June 27, 2018.

Crick, Francis. 1989. "The recent excitement about neural networks." *Nature* 337(6203): 129–132.

Cuthbertson, Anthony. 2018. "Robots can now read better than humans, putting millions of jobs at risk." *Newsweek.* January 15, 2018.

Damiani, Jesse. 2018. "Tesla Model S on Autopilot crashes into parked police vehicle in Laguna Beach." *Forbes.* May 30, 2018.

Darwiche, Adnan. 2018. "Human-level intelligence or animal-like abilities?" *Communications of the ACM* 61(10): 56–67.

Dastin, Jeffrey. 2018. "Amazon scraps secret AI recruiting tool that showed bias against women." Reuters. October 10, 2018.

Davies, Alex. 2017. "Waymo has taken the human out of its self-driving cars." *WIRED.* November 7, 2017.

Davies, Alex. 2018. "Waymo's so-called Robo-Taxi launch reveals a brutal truth." *WIRED.* December 5, 2018.

Davis, Ernest. 1990. *Representations of Commonsense Knowledge.* San Mateo, CA: Morgan Kaufmann.

Davis, Ernest. 2016a. "How to write science questions that are easy for people and hard for computers." *AI Magazine* 37(1): 13–22.

Davis, Ernest. 2016b. "The tragic tale of Tay the Chatbot." *AI*

Matters 2(4).

Davis, Ernest. 2017. "Logical formalizations of commonsense reasoning." *Journal of Artificial Intelligence Research* 59: 651–723.

Davis, Ernest, and Gary Marcus. 2015. "Commonsense reasoning and commonsense knowledge in artificial intelligence." *Communications of the ACM* 58(9): 92–105.

Davis, Ernest, and Gary Marcus. 2016. "The scope and limits of simulation in automated reasoning." *Artificial Intelligence* 233: 60–72.

Davis, Randall, and Douglas Lenat. 1982. *Knowledge-Based Systems in Artificial Intelligence.* New York: McGraw-Hill.

Deerwester, Scott, Susan T. Dumais, George W. Furnas, Thomas K. Landauer, and Richard Harshman. 1990. "Indexing by latent semantic analysis." *Journal of the American Society for Information Science* 41(6): 391–407.

Deng, Jia, Wei Dong, Richard Socher, Li-Jia Li, Kai Li, and Li Fei-Fei. "Imagenet: A large-scale hierarchical image database." *IEEE Conference on Computer Vision and Pattern Recognition, 2009.* 248–255.

Dennett, Daniel. 1978. *Brainstorms: Philosophical Essays on Mind and Psychology.* Cambridge, MA: MIT Press.

Devlin, Hannah. 2015. "Google a step closer to developing machines with human-like intelligence." *The Guardian.* May 21, 2015.

Diamandis, Peter, and Steven Kotler. 2012. *Abundance: The Future Is Better Than You Think.* New York: Free Press.

Domingos, Pedro. 2015. *The Master Algorithm: How the Quest for the Ulti-mate Learning Machine Will Remake Our World.* New York: Basic Books.

D'Orazio, Dante. 2014. "Elon Musk says artificial intelligence is 'potentially more dangerous than nukes.'" *The Verge.* August 3, 2014.

Dreyfus, Hubert. 1979. *What Computers Can't Do: The Limits of Artificial Intelligence.* Rev. ed. New York: Harper and Row.

Dreyfuss, Emily. 2018. "A bot panic hits Amazon's mechanical Turk." *WIRED.* August 17, 2018.

Dyer, Michael. 1983. *In-Depth Understanding: A Computer Model of Integrated Processing for Narrative Comprehension.* Cambridge, MA: MIT Press.

Estava, Andre, Brett Kuprel, Roberto A. Novoa, Justin Ko, Susan M. Swetter, Helen M. Blau, and Sebastian Thrun. 2017. "Dermatologist-level classification of skin cancer with deep neural networks." *Nature* 542(7639): 115–118.

The Economist. 2018. "AI, radiology, and the future of work." June 7, 2018.

Eubanks, Virginia. 2018. *Automating Inequality: How High-Tech Tools Profile, Police, and Punish the Poor.* New York: St. Martin's Press.

Evans, Jonathan St. B. T. 2012. "Dual process theories of deductive reasoning: Facts and fallacies." In *The Oxford Handbook of Thinking and Reasoning,* 115–133. Oxford: Oxford University Press.

Evarts, Eric C. 2016. "Why Tesla's Autopilot isn't really autopilot." *U.S. News and World Report Best Cars.* August 11, 2016.

Evtimov, Ivan, Kevin Eykholt, Earlence Fernandes, Tadayoshi Kohno, Bo Li, Atul Prakash, Amir Rahmati, and Dawn Song. 2017. "Robust physical-world attacks on machine learning models." *arXiv preprint arXiv:1707.08945.*

Fabian. 2018. "Global artificial intelligence landscape." *Medium. com.* May 22, 2018.

Falcon, William. 2018. "The new Burning Man—the AI conference that sold out in 12 minutes." *Forbes.* September 5, 2018.

Felleman, Daniel J., and D. C. van Essen. 1991. "Distributed hierarchical processing in the primate cerebral cortex." *Cerebral Cortex* 1(1): 1–47.

Fernandez, Ernie. 2016. "How cognitive systems will shape the future of health and wellness." *IBM Healthcare and Life Sciences Industry Blog.* November 16, 2016.

Ferrucci, David, Eric Brown, Jennifer Chu-Carroll, James Fan, David Gondek, Aditya A. Kalyanpur, Adam Lally, et al. 2010. "Building Watson: An overview of the DeepQA project." *AI Magazine* 31(3): 59–79.

Firestone, Chaz, and Brian J. Scholl. 2016. "Cognition does not affect perception: Evaluating the evidence for 'top-down' effects." *Behavioral and Brain Sciences* 39, e229.

Ford, Martin. 2018. *Architects of Intelligence: The Truth About AI from the People Building It.* Birmingham, UK: Packt Publishing.

Fukushima, Kunihiko, and Sei Miyake. 1982. "Neocognitron: A self-organizing neural network model for a mechanism of visual pattern recognition." In *Competition and Cooperation in Neural Nets: Proceedings of the U.S.–Japan Joint Seminar,* 267–285. Berlin, Heidelberg: Springer.

Fung, Brian. 2017. "The driver who died in a Tesla crash using Autopilot ignored at least 7 safety warnings." *Washington Post.* June 20, 2017.

Future of Life Institute. 2015. "Autonomous weapons: An open letter from AI & robotics researchers."

Gardner, Howard. 1983. *Frames of Mind: The Theory of Multiple Intelligences.* New York: Basic Books.

Garrahan, Matthew. 2017. "Google and Facebook dominance forecast to rise." *Financial Times.* December 3, 2017.

Gatys, Leon A., Alexander S. Ecker, and Matthias Bethge. 2016. "Image style transfer using convolutional neural networks." In *Proceedings of the IEEE Conference on Computer Vision and Pattern Recognition,* 2414–2423.

Geirhos, Robert, Carlos R. M. Temme, Jonas Rauber, Heiko H. Schütt, Matthias Bethge, and Felix A. Wichmann. 2018. "Generalisation in humans and deep neural networks." In *Advances in Neural Information Process-ing Systems,* 7549–7561.

Gelman, Rochel, and Renee Baillargeon. 1983. "Review of some Piagetian concepts." In *Handbook of Child Psychology: Formerly Carmichael's Manual of Child Psychology,* edited by Paul H. Mussen. New York: Wiley.

Geman, Stuart, Elie Bienenstock, and René Doursat. 1992. "Neural networks and the bias/variance dilemma." *Neural Computation* 4(1): 1–58.

Gershgorn, Dave. 2017. "The data that transformed AI research—and possibly the world." *Quartz*. July 26, 2017.

Gibbs, Samuel. 2014. "Google buys UK artificial intelligence startup Deepmind for £400 m." *The Guardian*. January 27, 2014.

Gibbs, Samuel. 2018. "SpotMini: Headless robotic dog to go on sale in 2019." *The Guardian*. May 14, 2018.

Glaser, April. 2018. "The robot dog that can open a door is even more impressive than it looks." *Slate*. February 13, 2018.

Glasser, Matthew, et al. 2016. "A multi-modal parcellation of human cerebral cortex." *Nature* 536: 171–178.

Glorot, Xavier, Antoine Bordes, and Yoshua Bengio. 2011. "Deep sparse rectifier neural networks." In *Proceedings of the Fourteenth International Conference on Artificial Intelligence and Statistics,* 315–323.

Goode, Lauren. 2018. "Google CEO Sundar Pichai compares impact of AI to electricity and fire." *The Verge*. Jan. 19, 2018.

Goodfellow, Ian, Yoshua Bengio, and Aaron Courville. 2015. *Deep Learning*. Cambridge, MA: MIT Press.

Greenberg, Andy. 2015. "Hackers remotely kill a Jeep on the highway—with me in it." *WIRED*. July 21, 2015.

Greenberg, Andy. 2017. "Watch a 10-year-old's face unlock his mom's iPhone X." *WIRED*. November 14, 2017.

Greg. 2018. "Dog's final judgement: Weird Google Translate glitch delivers an apocalyptic message." *Daily Grail,* July 16, 2018.

Gunning, David. 2017. "Explainable artificial intelligence (xai)." *Defense Advanced Research Projects Agency (DARPA)*.

Hall, Phil. 2018. "Luminar's smart Sky Enhancer filter does the dodging and burning for you." *Techradar: The Source for Tech Buying Advice*. November 2, 2018.

Harford, Tim. 2018. "What we get wrong about technology." *Financial Times*. July 7, 2018.

Harridy, Rich. 2018. "Boston Dynamics Atlas robot can now chase you through the woods." *New Atlas*. May 10, 2018.

Harwell, Drew. 2018. "Elon Musk said a Tesla could drive itself across the country by 2018. One just crashed backing out of a garage." *Washington Post.* September 13, 2018.

Harwell, Drew, and Craig Timberg. 2019. "YouTube recommended a Russian media site thousands of times for analysis of Mueller's report, a watchdog group says." *The Washington Post,* April 26, 2019.

Havasi, Catherine, Robert Speer, James Pustejovsky, and Henry Lieberman. 2009. "Digital intuition: Applying common sense using dimensionality reduction." *IEEE Intelligent systems* 24(4): 24–35.

Hawkins, Andrew. 2018. "Elon Musk still doesn't think LIDAR is necessary for fully driverless cars." *The Verge.* February 7, 2018.

Hawkins, Jeff, and Sandra Blakeslee. 2004. *On Intelligence: How a New Understanding of the Brain Will Lead to the Creation of Truly Intelligent Machines.* New York: Times Books.

Hayes, Gavin. 2018. "Search 'idiot,' get Trump: How activists are manipulating Google Images." *The Guardian.* July 17, 2018.

Hayes, Patrick, and Kenneth Ford. 1995. "Turing test considered harmful." *Intl. Joint Conf. on Artificial Intelligence:* 972–977.

Hazelwood, Kim, et al. 2017. "Applied machine learning at Facebook: A data center infrastructure perspective."

He, Kaiming, Xiangyu Zhang, Shaoqing Ren, and Jian Sun. 2016. "Deep residual learning for image recognition." In *Proceedings of the IEEE Conference on Computer Vision and Pattern Recognition:* 770–778.

He, Mingming, Dongdong Chen, Jing Liao, Pedro V. Sander, and Lu Yuan. 2018. "Deep exemplar-based colorization." *ACM Transactions on Graphics* 37(4): Article 47.

He, Xiaodong, and Li Deng. 2017. "Deep learning for image-to-text generation: A technical overview." *IEEE Signal Processing Magazine* 34(6): 109–116.

Heath, Nick. 2018. "Google DeepMind founder Demis Hassabis: Three truths about AI." *Tech Republic.* September 24, 2018.

Herculano-Houzel, Suzana. 2016. *The Human Advantage: A New Understanding of How Our Brains Became Remarkable.* Cambridge, MA: MIT Press.

Herman, Arthur. 2018. "China's brave new world of AI." *Forbes*. August 30, 2018.

Hermann, Karl Moritz, Felix Hill, Simon Green, Fumin Wang, Ryan Faulkner, Hubert Soyer, David Szepesvari, et al. 2017. "Grounded language learning in a simulated 3D world." *arXiv preprint arXiv: 1706.06551*.

Herper, Matthew. 2017. "M. D. Anderson benches IBM Watson in setback for artificial intelligence in medicine." *Forbes*. February 19, 2017.

Hines, Matt. 2007. "Spammers establishing use of artificial intelligence." *Computer World*. June 1, 2007.

Hinton, Geoffrey E., Terrence Joseph Sejnowski, and Tomaso A. Poggio, eds. 1999. *Unsupervised Learning: Foundations of Neural Computation*. Cambridge, MA: MIT Press.

Hof, Robert D. 2013. "10 breakthrough technologies: Deep learning." *MIT Technology Review*.

Hoffman, Judy, Dequan Wang, Fisher Yu, and Trevor Darrell. 2016. "FCNs in the wild: Pixel-level adversarial and constraint-based adaptation." *arXiv preprint arXiv: 1612.02649*.

Hofstadter, Douglas. 2018. "The shallowness of Google Translate." *The Atlantic*. January 30, 2018.

Hornyak, Tim. 2018. "Sony's new dog Aibo barks, does tricks, and charms animal lovers." *CNBC*. April 9, 2018.

Hosseini, Hossein, Baicen Xiao, Mayoore Jaiswal, and Radha Poovendran. 2017. "On the limitation of convolutional neural networks in recognizing negative images." In *2017 16th IEEE International Conference on Machine Learning and Applications (ICMLA)*: 352–358.

Hua, Sujun, and Zhirong Sun. 2001. "A novel method of protein secondary structure prediction with high segment overlap measure: Support vector machine approach." *Journal of Molecular Biology* 308(2): 397–407.

Huang, Sandy, Nicolas Papernot, Ian Goodfellow, Yan Duan, and Pieter Abbeel. 2017. "Adversarial attacks on neural network policies."

arXiv preprint arXiv: 1702.02284.

Huang, Xuedong, James Baker, and Raj Reddy. "A historical perspective of speech recognition." *Communications of the ACM* 57(1): 94−103.

Hubel, David H., and Torsten N. Wiesel. 1962. "Receptive fields, binocular interaction and functional architecture in the cat's visual cortex." *Journal of Physiology* 160(1): 106−154.

Huff, Darrell. 1954. *How to Lie with Statistics.* New York, W. W. Norton.

IBM Watson Health. 2016. "Five ways cognitive technology can revolutionize healthcare." *Watson Health Perspectives.* October 28, 2016.

IBM Watson Health. Undated. "Welcome to the cognitive era of health." *Watson Health Perspectives.* Accessed by the authors, December 23, 2018.

IEEE Spectrum. 2015. *A Compilation of Robots Falling Down at the DARPA Robotics Challenge.* Video. Posted to YouTube June 6, 2015.

Iizuka, Satoshi, Edgar Simo-Serra, and Hiroshi Ishikawa. 2016. "Let there be color!: Joint end-to-end learning of global and local image priors for automatic image colorization with simultaneous classification." *ACM Transactions on Graphics (TOG)* 35(4): 110.

Irpan, Alex. 2018. "Deep reinforcement learning doesn't work yet." *Sorta Insightful* blog. February 14, 2018.

Jeannin, Jean-Baptiste, Khalil Ghorbal, Yanni Kouskoulas, Ryan Gardner, Aurora Schmidt, Erik Zawadzki, and André Platzer. 2015. "A formally verified hybrid system for the next-generation airborne collision avoidance system." In *International Conference on Tools and Algorithms for the Construction and Analysis of Systems:* 21−36. Berlin, Heidelberg: Springer.

Jia, Robin, and Percy Liang. 2017. "Adversarial examples for evaluating reading comprehension systems." *arXiv preprint arXiv: 1707.07328.*

Jo, Jason, and Yoshua Bengio. 2017. "Measuring the tendency

of CNNs to learn surface statistical regularities." *arXiv preprint arXiv: 1711. 11561*.

Joachims, T. 2002. *Learning to Classify Text Using Support Vector Machines: Methods, Theory and Algorithms*. Boston: Kluwer Academic Publishers.

Judson, Horace. 1980. *The Eighth Day of Creation: Makers of the Revolution in Biology*. New York: Simon and Schuster.

Jurafsky, Daniel, and James H. Martin. 2009. *Speech and Language Processing*. 2nd ed. Upper Saddle River, NJ: Pearson.

Kahneman, Daniel. 2011. *Thinking, Fast and Slow*. New York: Farrar, Straus, and Giroux.

Kahneman, Daniel, Anne Treisman, and Brian J. Gibbs. 1992. "The reviewing of object files: Object-specific integration of information." *Cognitive Psychology* 24(2): 175–219.

Kandel, Eric, James Schwartz, and Thomas Jessell. 1991. *Principles of Neural Science*. Norwalk, CT: Appleton & Lange.

Kansky, Ken, Tom Silver, David A. Mély, Mohamed Eldawy, Miguel Lázaro-Gredilla, Xinghua Lou, Nimrod Dorfman, Szymon Sidor, Scott Phoenix, and Dileep George. 2017. "Schema networks: Zero-shot transfer with a generative causal model of intuitive physics." *arXiv preprint arXiv: 1706. 04317*.

Kant, Immanuel. 1751/1998. *Critique of Pure Reason*. Trans. Paul Guyer and Allen Wood. Cambridge: Cambridge University Press.

Karmon, Danny, Daniel Zoran, and Yoav Goldberg. 2018. "LaVAN: Localized and Visible Adversarial Noise." *arXiv preprint arXiv: 1801. 02608*.

Kastranakes, Jacob. 2017. "GPS will be accurate within one foot in some phones next year." *The Verge*. September 25, 2017.

Keil, Frank C. 1992. *Concepts, Kinds, and Cognitive Development*. Cambridge, MA: MIT Press.

Kim, Sangbae, Cecilia Laschi, and Barry Trimmer. 2013. "Soft robotics: A bioinspired evolution in robotics." *Trends in Biotechnology* 31(5): 287–294.

Kintsch, Walter, and Teun A. Van Dijk. 1978. "Toward a model of text comprehension and production." *Psychological Review* 85 (5): 363 – 394.

Kinzler, Katherine D., and Elizabeth S. Spelke. 2007. "Core systems in human cognition." *Progress in Brain Research* 164: 257 – 264.

Kissinger, Henry. 2018. "The End of the Enlightenment." *The Atlantic,* June 2018.

Koehn, Philipp, and Rebecca Knowles. 2017. "Six challenges for neural machine translation." *Proceedings of the First Workshop on Neural Machine Translation.*

Krakovna, Victoria. 2018. "Specification gaming examples in AI." Blog post. April 2, 2018.

Krizhevsky, A., I. Sutskever, and G. E. Hinton. 2012. "ImageNet classification with deep convolutional neural networks." In *Advances in Neural Information Processing Systems:* 1097 – 1105.

Kurzweil, Ray. 2002. "Response to Mitchell Kapor's "Why I Think I Will Win." *Kurzweil Accelerating Intelligence Essays.*

Kurzweil, Ray. 2013. *How to Create a Mind: The Secret of Human Thought Revealed.* New York: Viking.

Kurzweil, Ray, and Rachel Bernstein. 2018. "Introducing semantic experiences with Semantris and Talk to Books." *Google AI Blog.* April 13, 2018.

Lancaster, Luke. 2016. "Elon Musk's OpenAI is working on a robot butler." *CNet.* June 22, 2016.

Lardieri, Alexa. 2018. "Drones deliver life-saving blood to remote African regions." *US News & World Report.* January 2, 2018.

Lashbrook, Angela. 2018. "AI-driven dermatology could leave dark-skinned patients behind." *The Atlantic.* August 16, 2018.

LaValle, Stephen M. 2006. *Planning Algorithms.* Cambridge: Cambridge University Press.

Leben, Derek. 2018. *Ethics for Robots: How to Design a Moral Algorithm.* Milton Park, UK: Routledge.

Lecoutre, Adrian, Benjamin Negrevergne, and Florian Yger. 2017. "Recognizing art style automatically in painting with deep learning."

Proceedings of the Ninth Asian Conference on Machine Learning, PMLR 77: 327–342.

LeCun, Yann. 2018. "Research and projects."

LeCun, Yann, Bernhard Boser, John S. Denker, Donnie Henderson, Richard E. Howard, Wayne Hubbard, and Lawrence D. Jackel. 1989. "Backpropa-gation applied to handwritten zip code recognition." *Neural Computation* 1(4): 541–551.

LeCun, Yann, and Yoshua Bengio. 1995. "Convolutional networks for images, speech, and time series." In *The Handbook of Brain Theory and Neural Networks,* edited by Michael Arbib. Cambridge, MA: MIT Press.

LeCun, Yann, Yoshua Bengio, and Geoffrey Hinton. 2015. "Deep learning." *Nature* 521(7553): 436–444.

Lenat, Douglas B, Mayank Prakash, and Mary Shepherd. 1985. "CYC: Using common sense knowledge to overcome brittleness and knowledge acquisition bottlenecks." *AI Magazine* 6(4): 65–85.

Lenat, Douglas B., and R. V. Guha. 1990. *Building Large Knowledge-Based Systems: Representation and Inference in the CYC Project.* Boston: Addison-Wesley.

Levesque, Hector. 2017. *Common Sense, the Turing Test, and the Quest for Real AI.* Cambridge, MA: MIT Press.

Levesque, Hector, Ernest Davis, and Leora Morgenstern. 2012. "The Winograd Schema challenge." *Principles of Knowledge Representation and Reasoning, 2012.*

Leviathan, Yaniv. 2018. "Google Duplex: An AI system for accomplishing real-world tasks over the phone." *Google AI Blog.* May 8, 2018.

Levin, Alan, and Harry Suhartono. 2019. "Pilot who hitched a ride saved Lion Air 737 day before deadly crash." *Bloomberg.* March 19, 2019.

Levin, Sam, and Nicky Woolf. 2016. "Tesla driver killed while using Autopilot was watching Harry Potter, witness says." *The Guardian.* July 3, 2016.

Levine, Alexandra S. 2017. "New York today: An Ella Fitzgerald centenary." *New York Times.* April 25, 2017.

Levy, Omer. In preparation. "Word representations." In *The Oxford Handbook of Computational Linguistics.* 2nd ed. Edited by Ruslan Mitkov. Oxford: Oxford University Press.

Lewis, Dan. 2016. "They Blue It." Now I Know website. March 3, 2016. Accessed by authors, December 25, 2018.

Lewis-Krauss, Gideon. 2016. "The great AI awakening." *New York Times Magazine.* December 14, 2016.

Liao, Shannon. 2018. "Chinese facial recognition system mistakes a face on a bus for a jaywalker." *The Verge.* November 22, 2018.

Lifschitz, Vladimir, Leora Morgenstern, and David Plaisted. 2008. "Knowledge representation and classical logic." In *Handbook of Knowledge Representation,* edited by Frank van Harmelen, Vladimir Lifschitz, and Bruce Porter, 3–88. Amsterdam: Elsevier.

Lin, Patrick, Keith Abney, and George Bekey, eds. 2012. *Robot Ethics: The Ethical and Social Implications of Robotics.* Cambridge, MA: MIT Press.

Linden, Derek S. 2002. "Antenna design using genetic algorithms." In *Proceedings of the 4th Annual Conference on Genetic and Evolutionary Computation,* 1133–1140.

Linn, Alison. 2018. "Microsoft creates AI that can read a document and answer questions about it as well as a person." *Microsoft AI Blog.* January 15, 2018.

Lippert, John, Bryan Gruley, Kae Inoue, and Gabrielle Coppola. 2018. "Toy-ota's vision of autonomous cars is not exactly driverless." *Bloomberg Businessweek.* September 19, 2018.

Lipton, Zachary. 2016. "The mythos of model interpretability." *arXiv preprint arXiv: 1606.03490.*

Lupyan, Gary, and Andy Clark. 2015. "Words and the world: Predictive coding and the language-perception-cognition interface." *Current Directions in Psychological Science* 24(4): 279–284.

Lynch, Kevin, and Frank Park. 2017. *Modern Robotics: Mechanics, Planning, and Control.* Cambridge: Cambridge University Press.

Mahairas, Ari, and Peter J. Beshar. 2018. "A Perfect Target for Cybercriminals," *New York Times.* November 19, 2018.

Manning, Christopher, and Hinrich Schütze. 1999. *Foundations of Statistical Natural Language Processing.* Cambridge, MA: MIT Press.

Manning, Christopher, Prabhakar Raghavan, and Hinrich Schütze. 2008. *Introduction to Information Retrieval.* Cambridge: Cambridge University Press.

Marcus, Gary. 2001. *The Algebraic Mind: Integrating Connectionism and Cognitive Science.* Cambridge, MA: MIT Press.

Marcus, Gary. 2004. *The Birth of the Mind: How a Tiny Number of Genes Creates the Complexities of Human Thought.* New York: Basic Books.

Marcus, Gary. 2008. *Kluge: The Haphazard Construction of the Human Mind.* Boston: Houghton Mifflin.

Marcus, Gary. 2012a. "Moral machines." *The New Yorker.* November 24, 2012.

Marcus, Gary. 2012b. "Is deep learning a revolution in artificial intelligence?" *The New Yorker.* November 25, 2012.

Marcus, Gary. 2018a. "Deep learning: A critical appraisal." *arXiv preprint arXiv: 1801.00631.*

Marcus, Gary. 2018b. "Innateness, AlphaZero, and artificial intelligence." *arXiv preprint arXiv: 1801.05667.*

Marcus, Gary, and Ernest Davis. 2013. "A grand unified theory of everything." *The New Yorker.* May 6, 2013.

Marcus, Gary, and Ernest Davis. 2018. "No, AI won't solve the fake news problem." *New York Times.* October 20, 2018.

Marcus, Gary, and Jeremy Freeman. 2015. *The Future of the Brain: Essays by the World's Leading Neuroscientists.* Princeton, NJ: Princeton University Press.

Marcus, Gary, Steven Pinker, Michael Ullman, Michelle Hollander, T. John Rosen, Fei Xu, and Harald Clahsen. 1992. "Overregularization in language acquisition." *Monographs of the Society for Research in Child Development* 57(4): 1–178.

Marcus, Gary, Francesca Rossi, and Manuela Veloso. 2016. *Beyond the Turing Test (AI Magazine Special Issue). AI Magazine* 37(1).

Marshall, Aarian. 2017. "After peak hype, self-driving cars enter the trough of disillusionment." *WIRED.* December 29, 2017.

Mason, Matthew. 2018. "Toward robotic manipulation." *Annual Review of Control, Robotics, and Autonomous Systems* 1: 1–28.

Matchar, Emily. 2017. "AI plant and animal identification helps us all be citizen scientists." *Smithsonian.com.* June 7, 2017.

Matsakis, Louise. 2018. "To break a hate-speech detection algorithm, try 'love.'" *WIRED.* September 26, 2018.

Matuszek, Cynthia, Michael Witbrock, Robert C. Kahlert, John Cabral, David Schneider, Purvesh Shah, and Doug Lenat. 2005. "Searching for common sense: populating Cyc™ from the web." *In Proc, American Association for Artificial Intelligence:* 1430–1435.

Mazzei, Patricia, Nick Madigan, and Anemona Hartocollis. 2018. "Several dead after walkway collapse in Miami." *New York Times.* March 15, 2018.

McCarthy, John, Marvin Minsky, Nathaniel Rochester, and Claude Shannon. 1955. "A proposal for the summer research project on artificial intelligence." Reprinted in *Artificial Intelligence Magazine* 27(4): 26.

McCarthy, John. 1959. "Programs with common sense." *Proc. Symposium on Mechanization of Thought Processes I.*

McClain, Dylan Loeb. 2011. "First came the machine that defeated a chess champion." *New York Times.* February 16, 2011.

McDermott, Drew. 1976. "*Artificial* intelligence meets natural stupidity." *ACM SIGART Bulletin* (57): 4–9.

McFarland, Matt. 2014. "Elon Musk: 'With artificial intelligence we are summoning the demon.'" *Washington Post,* October 24, 2014.

McMillan, Robert. 2013. "Google hires brains that helped supercharge machine learning." *WIRED.* March 13, 2013.

Metz, Cade. 2015. "Facebook's human-powered assistant may just super-charge AI." *WIRED.* August 26, 2015.

Metz, Cade. 2017. "Tech giants are paying huge salaries for scarce A.I. talent." *New York Times.* October 22, 2017.

Metz, Rachel. 2015. "Facebook AI software learns and answers questions." *MIT Technology Review.* March 26, 2015.

Mikolov, Tomas, Ilya Sutskever, Kai Chen, Greg Corrado, and Jeffery Dean. 2013. "Distributed representations of words and phrases and their compositionality." *arXiv preprint arXiv: 1310. 4546.*

Miller, George A. 1995. "WordNet: A lexical database for English." *Communications of the ACM* 38(11): 39–41.

Minsky, Marvin. 1967. *Computation: Finite and Infinite Machines.* Englewood Cliffs, NJ: Prentice Hall.

Minsky, Marvin. 1986. *Society of Mind.* New York: Simon and Schuster.

Minsky, Marvin, and Seymour Papert. 1969. *Perceptrons: An Introduction to Computational Geometry.* Cambridge, MA: MIT Press.

Mitchell, Tom. 1997. *Machine Learning.* New York: McGraw-Hill.

Mnih, Volodymyr, Koray Kavukcuoglu, David Silver, Andrei A. Rusu, Joel Veness, Marc G. Bellemare, Alex Graves, et al. 2015. "Human-level control through deep reinforcement learning." *Nature* 518(7540): 529–533.

Molina, Brett. 2017. "Hawking: AI could be 'worst event in the history of our civilization.'" *USA Today.* November 7, 2017.

Mouret, Jean-Baptiste, and Konstantinos Chatzilygeroudis. 2017. "20 years of reality gap: A few thoughts about simulators in evolutionary robotics." In *Proceedings of the Genetic and Evolutionary Computation Conference Companion,* 1121–1124.

Mueller, Erik. 2006. *Commonsense Reasoning.* Amsterdam: Elsevier Morgan Kaufmann.

Müller, Andreas, and Sarah Guido. 2016. *Introduction to Machine Learning with Python.* Cambridge, MA: O'Reilly Pubs.

Müller, Martin U. 2018. "Playing doctor with Watson: Medical applications expose current limits of AI." *Spiegel Online.* August 3, 2018.

Murphy, Gregory L., and Douglas L. Medin. 1985. "The role of theories in conceptual coherence." *Psychological Review* 92(3): 289–316.

Murphy, Kevin. 2012. *Machine Learning: A Probabilistic Perspective.* Cambridge, MA: MIT Press.

Murphy, Tom, VII. 2013. "The first level of Super Mario Bros. is easy with lexicographic orderings and time travel . . . after that it gets a little tricky." *SIGBOVIK* (April 1, 2013).

Nandi, Manojit. 2015. "Faster deep learning with GPUs and Theano." *Domino Data Science Blog.* August 4, 2015.

NCES (National Center for Education Statistics). 2019. "Fast Facts: Race/ethnicity of college faculty." Downloaded April 8, 2019.

New York Times. 1958. "Electronic 'brain' teaches itself." July 13, 1958.

Newell, Allen. 1982. "The knowledge level." *Artificial Intelligence* 18(1): 87–127.

Newton, Casey. 2018. "Facebook is shutting down M, its personal assistant service that combined humans and AI." *The Verge.* January 8, 2018.

Ng, Andrew. 2016. "What artificial intelligence can and can't do right now." *Harvard Business Review.* November 9, 2016.

Ng, Andrew, Daishi Harada, and Stuart Russell. 1999. "Policy invariance under reward transformations: Theory and application to reward shaping." In *Int. Conf. on Machine Learning* 99: 278–287.

Norouzzadeh, Mohammad Sadegh, Anh Nguyen, Margaret Kosmala, Alexandra Swanson, Meredith S. Palmer, Craig Packer, and Jeff Clune. 2018. "Automatically identifying, counting, and describing wild animals in camera-trap images with deep learning." *Proceedings of the National Academy of Sciences* 115(25): E5716–E5725.

Norvig, Peter. 1986. *Unified Theory of Inference for Text Understanding.* PhD thesis, University of California at Berkeley.

Oh, Kyoung-Su, and Keechul Jung. 2004. "GPU implementation of neural networks." *Pattern Recognition* 37(6): 1311–1314.

O'Neil, Cathy. 2016a. *Weapons of Math Destruction: How Big Data Increases Inequality and Threatens Democracy.* New York: Crown.

O'Neil, Cathy. 2016b. "I'll stop calling algorithms racist when you stop anthropomorphizing AI." *Mathbabe* (blog). April 7, 2016.

O'Neil, Cathy. 2017. "The Era of Blind Faith in Big Data Must End." TED talk.

OpenAI. 2018. "Learning Dexterity." *OpenAI* (blog). July 30, 2018.

Oremus, Will. 2016. "Facebook thinks it has found the secret to making bots less dumb." *Slate.* June 28, 2016.

O'Rourke, Nancy A., Nicholas C. Weiler, Kristina D. Micheva, and Stephen J. Smith. 2012. "Deep molecular diversity of mammalian synapses: why it matters and how to measure it." *Nature Reviews Neuroscience* 13(6): 365–379.

Ortiz, Charles L., Jr. 2016. "Why we need a physically embodied Turing test and what it might look like." *AI Magazine* 37(1): 55–62.

Padfield, Gareth D. 2008. *Helicopter Flight Dynamics: The Theory and Application of Flying Qualities and Simulation Modelling.* New York: Wiley, 2008.

Page, Lawrence, Sergey Brin, Rajeev Motwani, and Terry Winograd. 1999. "The PageRank citation ranking: Bringing order to the web." Technical Report, Stanford InfoLab.

Parish, Peggy. 1963. *Amelia Bedelia.* New York: Harper and Row.

Paritosh, Praveen, and Gary Marcus. 2016. "Toward a comprehension challenge, using crowdsourcing as a tool." *AI Magazine* 37(1): 23–30.

Parker, Stephanie. 2018. "Robot lawnmowers are killing hedgehogs." *WIRED.* September 26, 2018.

Pearl, Judea, and Dana Mackenzie. 2018. *The Book of Why: The New Science of Cause and Effect.* New York: Basic Books.

Peng, Tony. 2018. "OpenAI Founder: Short-term AGI is a serious possibility." *Medium.com.* November 13, 2018.

Pham, Cherise, 2018. "Computers are getting better than humans at reading." *CNN Business.* January 16, 2018.

Piaget, Jean. 1928. *The Child's Conception of the World.* London: Routledge and Kegan Paul.

Piantadosi, Steven T. 2014. "Zipf's word frequency law in natural language: A critical review and future directions." *Psychonomic Bulletin & Review* 21 (5): 1112–1130.

Piantadosi, Steven T., Harry Tily, and Edward Gibson. 2012. "The communicative function of ambiguity in language." *Cognition* 122 (3): 280–291.

Ping, David, Bing Xiang, Patrick Ng, Ramesh Nallapati, Saswata Chakravarty, and Cheng Tang. 2018. "Introduction to Amazon SageMaker Object 2 Vec." *AWS Machine Learning* (blog).

Pinker, Steven. 1994. *The Language Instinct: How the Mind Creates Language.* New York: William Morrow.

Pinker, Steven. 1997. *How the Mind Works.* New York: W. W. Norton.

Pinker, Steven. 1999. *Words and Rules: The Ingredients of Language.* New York: Basic Books.

Pinker, Steven. 2007. *The Stuff of Thought.* New York: Viking.

Pinker, Steven. 2018. "We're told to fear robots. But why do we think they'll turn on us?" *Popular Science.* February 13, 2018.

Porter, Jon. 2018. "Safari's suggested search results have been promoting conspiracies, lies, and misinformation." *The Verge.* September 26, 2018.

Preti, Maria Giulia, Thomas A. W. Bolton, and Dimitri Van De Ville. 2017. "The dynamic functional connectome: State-of-the-art and perspectives." *Neuroimage* 160: 41–54.

Puig, Xavier, Kevin Ra, Marko Boben, Jiaman Li, Tingwu Wang, Sanja Fidler, and Antonio Torralba. 2018. "VirtualHome: Simulating household activities via programs." In *Computer Vision and Pattern Recognition.*

Pylyshyn, Xenon, ed. 1987. *The Robot's Dilemma: The Frame Problem in Artificial Intelligence.* Norwood, NJ: Ablex Pubs.

Quito, Anne. 2018. "Google's astounding new search tool will answer any question by reading thousands of books." *Quartz.* April 14, 2018.

Rahimian, Abtin, Ilya Lashuk, Shravan Veerapaneni, Aparna Chandra-mowlishwaran, Dhairya Malhotra, Logan Moon, Rahul

Sampath, et al. 2010. "Petascale direct numerical simulation of blood flow on 200k cores and heterogeneous architectures." In *Supercomputing 2010,* 1–11.

Rajpurkar, Pranav, Jian Zhang, Konstantin Lopyrev, and Percy Liang. 2016. "Squad: 100,000+ questions for machine comprehension of text." *arXiv preprint arXiv: 1606.05250.*

Ramón y Cajal, Santiago. 1906. "The structure and connexions of neurons." Nobel Prize address. December 12, 1906.

Rashkin, Hannah, Maarten Sap, Emily Allaway, Noah A. Smith, and Yejin Choi. 2018. "Event 2 Mind: Commonsense inference on events, intents, and reactions." *arXiv preprint arXiv: 1805.06939.*

Rayner, Keith, Alexander Pollatsek, Jane Ashby, and Charles Clifton, Jr. 2012. *Psychology of Reading.* New York: Psychology Press.

Reddy, Siva, Danqi Chen, and Christopher D. Manning. 2018. "CoQA: A conver-sational question answering challenge." *arXiv preprint arXiv: 1808.07042.*

Reece, Bryon. 2018. *The Fourth Age: Smart Robots, Conscious Computers, and the Future of Humanity.* New York: Atria Press.

Rips, Lance J. 1989. "Similarity, typicality, and categorization." In *Similarity and Analogical Reasoning,* edited by Stella Vosniadou and Andrew Ortony, 21–59. Cambridge: Cambridge University Press.

Rohrbach, Anna, Lisa Anne Hendricks, Kaylee Burns, Trevor Darrell, and Kate Saenko. 2018. "Object hallucination in image captioning." *arXiv preprint arXiv: 1809.02156.*

Romm, Joe. 2018. "Top Toyota expert throws cold water on the driverless car hype." *ThinkProgress.* September 20, 2018.

Rosch, Eleanor H. 1973. "Natural categories." *Cognitive Psychology* 4(3): 328–350.

Rosenblatt, Frank. 1958. "The perceptron: A probabilistic model for information storage and organization in the brain." *Psychological Review* 65(6): 386–408.

Ross, Casey. 2018. "IBM's Watson supercomputer recommended 'unsafe and incorrect' cancer treatments, internal documents show." *STAT,* July 25, 2018.

Ross, Lee. 1977. "The intuitive psychologist and his shortcomings: Distortions in the attribution process." *Advances in Experimental Social Psychology* 10: 173–220.

Roy, Abhimanyu, Jingyi Sun, Robert Mahoney, Loreto Alonzi, Stephen Adams, and Peter Beling. "Deep learning detecting fraud in credit card transactions." In *Systems and Information Engineering Design Symposium (SIEDS)*, 2018, 129–134. IEEE, 2018.

Rumelhart, David E., Geoffrey E. Hinton, and Ronald J. Williams. 1986. "Learning representations by back-propagating errors." *Nature.* 323(6088): 533–536.

Russell, Bertrand. 1948. *Human Knowledge: Its Scope and Limits.* New York: Simon and Schuster.

Russell, Bryan C., Antonio Torralba, Kevin P. Murphy, and William T. Freeman. 2008. "Labelme: A database and web-based tool for image annotation." *International Journal of Computer Vision,* 77(1–3): 157–173.

Russell, Stuart, and Peter Norvig, 2010. *Artificial Intelligence: A Modern Approach.* 3rd ed. Upper Saddle River, NJ: Pearson.

Ryan, V. 2001–2009. "History of Bridges: Iron and Steel."

Sample, Ian. 2017. "Ban on killer robots urgently needed, say scientists." *The Guardian.* November 12, 2017.

Sartre, Jean-Paul. 1957. "Existentialism is a humanism." Translated by Philip Mairet. In *Existentialism from Dostoevsky to Sartre,* edited by Walter Kaufmann, 287–311. New York: Meridian.

Schank, Roger, and Robert Abelson. 1977. *Scripts, Plans, Goals, and Under-standing.* Hillsdale, NJ: Lawrence Erlbaum Associates.

Schoenick, Carissa, Peter Clark, Oyvind Tafjord, Peter Turney, and Oren Etzi-oni. 2016. "Moving beyond the Turing test with the Allen AI science chal-lenge." *arXiv preprint arXiv: 1604.04315.*

Schulz, Stefan, Boontawee Suntisrivaraporn, Franz Baader, and Martin Boeker. 2009. "SNOMED reaching its adolescence: Ontologists' and logicians' health check." *International Journal of Medical Informatics* 78: S86–S94.

Sciutto, Jim. 2018. "US intel warns of Russian threat to power grid and more." *CNN*. July 24, 2018.

Sculley, D. Gary Holt, Daniel Golovin, Eugene Davydov, Todd Phillips, Dietmar Ebner, Vinay Chaudhary, and Michael Young. 2014. "Machine learning: The high-interest credit card of technical debt." *SE 4 ML: Software Engineering 4 Machine Learning (NIPS 2014 Workshop)*.

Sejnowski, Terrence. 2018. *The Deep Learning Revolution*. Cambridge, MA: MIT Press.

Seven, Doug. 2014. "Knightmare: A DevOps cautionary tale." *Doug Seven* (blog). April 17, 2014.

Shultz, Sarah, and Athena Vouloumanos. 2010. "Three-month-olds prefer speech to other naturally occurring signals." *Language Learning and Development* 6: 241–257.

Silver, David. 2016. "AlphaGo." Invited talk, Intl. Joint Conf. on *Artificial* Intelligence.

Silver, David, Aja Huang, Chris J. Maddison, Arthur Guez, Laurent Sifre, George Van Den Driessche, Julian Schrittwieser, et al. 2016. "Mastering the game of Go with deep neural networks and tree search." *Nature* 529(7587): 484–489.

Silver, David, Julian Schrittwieser, Karen Simonyan, Ioannis Antonoglou, Aja Huang, Arthur Guez, Thomas Hubert, et al. 2017. "Mastering the game of Go without human knowledge." *Nature* 550(7676): 354–359.

Silver, David, et al. 2018. "A general reinforcement learning algorithm that masters chess, shogi, and Go through self-play." *Science* 362(6419): 1140–1144.

Simon, Herbert. 1965. *The Shape of Automation for Men and Management.* New York: Harper and Row.

Simonite, Tom. 2019. "Google and Microsoft warn that AI may do dumb things." *WIRED,* February 11, 2019.

Singh, Push, Thomas Lin, Erik T. Mueller, Grace Lim, Travell Perkins, and Wan Li Zhu. 2002. "Open Mind Common Sense: Knowledge acquisition from the general public." In *OTM Confederated International Confer-ences "On the Move to Meaningful Internet*

Systems," 1223–1237. Berlin: Springer.

Skinner, B. F. 1938. *The Behavior of Organisms.* New York: D. Appleton-Century.

Skinner, B. F. 1957. *Verbal Behavior.* New York: Appleton-Century-Crofts.

Smith, Gary. 2018. *The AI Delusion.* Oxford: Oxford University Press.

Soares, Nate, Benja Fallenstein, Stuart Armstrong, and Eliezer Yudkowsky. 2015. "Corrigibility." In *Workshops at the Twenty-Ninth Conference of the American Association for Artificial Intelligence (AAAI).*

Solon, Olivia. 2016. "Roomba creator responds to reports of 'poopocalypse': 'We see this a lot.'" *The Guardian.* August 15, 2016.

Souyris, Jean, Virginie Wiels, David Delmas, and Hervé Delseny. 2009. "Formal verification of avionics software products." In *International Symposium on Formal Methods,* 532–546. Berlin, Heidelberg: Springer.

Spelke, Elizabeth. 1994. "Initial knowledge: six suggestions." *Cognition.* 50(1–3): 431–445.

Sperber, Dan, and Deirdre Wilson. 1986. *Relevance: Communication and Cognition.* Cambridge, MA: Harvard University Press.

Srivastava, Nitish, Geoffrey Hinton, Alex Krizhevsky, Ilya Sutskever, and Rus-lan Salakhutdinov. 2014. "Dropout: A simple way to prevent neural net-works from overfitting." *Journal of Machine Learning Research* 15(1): 1929–1958.

Statt, Nick. 2018. "Google now says controversial AI voice calling system will identify itself to humans." *The Verge.* May 10, 2018.

Sternberg, Robert J. 1985. *Beyond IQ: A Triarchic Theory of Intelligence.* Cambridge: Cambridge University Press.

Stewart, Jack. 2018. "Why Tesla's Autopilot can't see a stopped firetruck." *WIRED.* August 27, 2018.

Sweeney, Latanya. 2013. "Discrimination in online ad delivery." *Queue* 11(3): 10

Swinford, Echo. 2006. *Fixing PowerPoint Annoyances*. Sebastopol, CA: O'Reilly Media.

Tegmark, Max. 2017. *Life 3.0: Being Human in the Age of Artificial Intelligence*. New York: Alfred A. Knopf.

Thompson, Clive. 2016. "To make AI more human, teach it to chitchat." *WIRED*. January 25, 2016.

Thrun, Sebastian. 2007. "Simultaneous localization and mapping." In *Robotics and Cognitive Approaches to Spatial Mapping,* edited by Margaret E. Jeffries and Wai-Kiang Yeap, 13–41. Berlin, Heidelberg: Springer.

Tomayko, James. 1998. *Computers in Spaceflight: The NASA Experience*. NASA Contractor Report 182505.

Tullis, Paul. 2018. "The world economy runs on GPS. It needs a backup plan." *Bloomberg BusinessWeek*. July 25, 2018.

Turing, Alan. 1950. "Computing machines and intelligence." *Mind* 59:433–460.

Turkle, Sherry. 2017. "Why these friendly robots can't be good friends to our kids." *The Washington Post,* December 7, 2017.

Ulanoff, Lance. 2002. "World Meet Roomba." *PC World*. September 17, 2002.

Vanderbilt, Tom. 2012. "Let the robot drive: The autonomous car of the future is here." *WIRED*. January 20, 2012.

van Harmelen, Frank, Vladimir Lifschitz, and Bruce Porter, eds. 2008. *The Handbook of Knowledge Representation*. Amsterdam: Elsevier.

Van Horn, Grant, and Pietro Perona. 2017. "The devil is in the tails: Fine-grained classification in the wild." *arXiv preprint arXiv:1709.01450*.

Vaswani, Ashish, Noam Shazeer, Niki Parmar, Jakob Uszkoreit, Llion Jones, Aidan N. Gomez, Łukasz Kaiser, and Illia Polosukhin. 2017. "Attention is all you need." In *Advances in Neural Information Processing Systems,* 5998–6008.

Veloso, Manuela M., Joydeep Biswas, Brian Coltin, and Stephanie Rosenthal. 2015. "CoBots: Robust symbiotic autonomous mobile service robots." *Proceedings of the Intl. Joint Conf. on Artificial Intelligence 2015*: 4423–4428.

Venugopal, Ashish, Jakob Uszkoreit, David Talbot, Franz J. Och, and Juri Ganitkevitch. 2011. "Watermarking the outputs of structured prediction with an application in statistical machine translation." *Proceedings of the Conference on Empirical Methods in Natural Language Processing:* 1363–1372.

Vigen, Tyler. 2015. *Spurious Correlations*. New York: Hachette Books.

Vincent, James. 2018a. "Google 'fixed' its racist algorithm by removing goril-las from its image-labeling tech." *The Verge.* January 12, 2018.

Vincent, James. 2018b. "IBM hopes to fight bias in facial recognition with new diverse dataset." *The Verge.* June 27, 2018.

Vincent, James. 2018c. "OpenAI's Dota 2 defeat is still a win for artificial intelligence." *The Verge.* August 28, 2018.

Vincent, James. 2018d. "Google and Harvard team up to use deep learning to predict earthquake aftershocks." *The Verge.* August 30, 2018.

Vinyals, Oriol. 2019. "AlphaStar: Mastering the real-time strategy game Star-Craft II." Talk given at New York University, March 12, 2019.

Vinyals, Oriol, Alexander Toshev, Samy Bengio, and Dumitru Erhan. 2015. "Show and tell: A neural image caption generator." In *Proceedings of the IEEE Conference on Computer Vision and Pattern Recognition,* 3156–3164.

Vondrick, Carl, Aditya Khosla, Tomasz Malisiewicz, and Antonio Torralba. 2012. "Inverting and visualizing features for object detection." *arXiv preprint arXiv: 1212.2278.*

Wallach, Wendell, and Colin Allen. 2010. *Moral Machines: Teaching Robots Right from Wrong.* Oxford: Oxford University Press.

Walsh, Toby. 2018. *Machines That Think: The Future of Artificial Intelligence.* Amherst, NY: Prometheus Books.

Wang, Alex, Amapreet Singh, Julian Michael, Felix Hill, Omer

Levy, and Samuel R. Bowman. 2018. "GLUE: A multi-task benchmark and analysis platform for natural language understanding." *arXiv preprint arXiv: 1804.07461*.

Watson, John B. 1930. *Behaviorism*. New York: W. W. Norton.

Weizenbaum, Joseph. 1965. *Computer Power and Human Reason*. Cambridge, MA: MIT Press.

Weizenbaum, Joseph. 1966. "ELIZA—a computer program for the study of natural language communication between man and machine." *Communications of the ACM* 9(1): 36–45.

Weston, Jason, Sumit Chopra, and Antoine Bordes. 2015. "Memory networks." *Int. Conf. on Learning Representations,* 2015.

Wiggers, Kyle. 2018. "Geoffrey Hinton and Demis Hassabis: AGI is nowhere close to being a reality." *VentureBeat.* December 17, 2018.

Wikipedia. "Back propagation."

Wikipedia. "Driver verifier." Accessed by authors, December 2018.

Wikipedia. List of countries by traffic-related death rate. Accessed by authors, December 2018.

Wikipedia. "OODA Loop." Accessed by authors, December 2018.

Wilde, Oscar. 1891. "The Soul of Man Under Socialism." *Fortnightly Review.* February 1891.

Wilder, Laura Ingalls. 1933. *Farmer Boy.* New York: Harper and Brothers.

Willow Garage. 2010. "Beer me, Robot." *Willow Garage* (blog).

Wilson, Benjamin, Judy Hoffman, and Jamie Morgenstern. 2019. "Predictive inequity in object detection." *arXiv preprint arXiv: 1902.11017*.

Wilson, Chris. 2011. "Lube job: Should Google associate Rick Santorum's name with anal sex?" *Slate.* July 1, 2011.

Wilson, Dennis G., Sylvain Cussat-Blanc, Hervé Luga, and Julian F. Miller. 2018. "Evolving simple programs for playing Atari games." *arXiv preprint arXiv: 1806.05695*.

Wissner-Gross, Alexander. 2014. "A new equation for intelligence." TEDx-BeaconStreet talk. November 2013.

Wissner-Gross, Alexander, and Cameron Freer. 2013. "Causal

entropic forces." *Physical Review Letters* 110(16): 168702.

Witten, Ian, and Eibe Frank. 2000. *Data Mining: Practical Machine Learning Tools and Techniques with Java Implementation.* San Mateo, CA: Morgan Kaufmann.

Wittgenstein, Ludwig. 1953. *Philosophical Investigations.* London: Blackwell.

WolframAlpha Press Center. 2009. "Wolfram|Alpha officially launched."

Woods, William A. 1975. "What's in a link: Foundations for semantic networks." In *Representation and Understanding,* edited by Daniel Bobrow and Allan Collins, 35–82. New York: Academic Press.

Yampolskiy, Roman. 2016. *Artificial Intelligence: A Futuristic Approach.* Boca Raton, FL: CRC Press.

Yudkowsky, Eliezer. 2011. "*Artificial* intelligence as a positive and negative factor in global risk." In *Global Catastrophic Risks,* edited by Nick Bostrom and Milan Cirkovic. Oxford: Oxford University Press.

Zadeh, Lotfi. 1987. "Commonsense and fuzzy logic." In *The Knowledge Frontier: Essays in the Representation of Knowledge,* edited by Nick Cercone and Gordon McCalla, 103–136. New York: Springer Verlag.

Zhang, Baobao, and Allan Dafoe. 2019. *Artificial Intelligence: American Attitudes and Trends.* Center for the Governance of AI, Future of Humanity Institute, University of Oxford, January 2019.

Zhang, Yu, William Chan, and Navdeep Jaitly. 2017. "Very deep convolutional networks for end-to-end speech recognition." In *IEEE International Conference on Acoustics, Speech and Signal Processing,* 4845–4849.

Zhou, Li, Jianfeng Gao, Di Li, Heung-Yeung Shum. 2018. "The design and implementation of XiaoIce, an empathetic social chatbot." *arXiv preprint 1812.08989.*

Zito, Salena. 2016. "Taking Trump seriously, not literally." *The Atlantic.* September 23, 2016.

Zogfarharifard, Ellie. 2016. "AI will solve the world's 'hardest problems': Google chairman, Eric Schmidt, says robots can tackle overpopulation and climate change." *Daily Mail.* January 12, 2016.

未来，属于终身学习者

我这辈子遇到的聪明人（来自各行各业的聪明人）没有不每天阅读的——没有，一个都没有。巴菲特读书之多，我读书之多，可能会让你感到吃惊。孩子们都笑话我。他们觉得我是一本长了两条腿的书。

——查理·芒格

互联网改变了信息连接的方式；指数型技术在迅速颠覆着现有的商业世界；人工智能已经开始抢占人类的工作岗位……

未来，到底需要什么样的人才？

改变命运唯一的策略是你要变成终身学习者。未来世界将不再需要单一的技能型人才，而是需要具备完善的知识结构、极强逻辑思考力和高感知力的复合型人才。优秀的人往往通过阅读建立足够强大的抽象思维能力，获得异于众人的思考和整合能力。未来，将属于终身学习者！而阅读必定和终身学习形影不离。

很多人读书，追求的是干货，寻求的是立刻行之有效的解决方案。其实这是一种留在舒适区的阅读方法。在这个充满不确定性的年代，答案不会简单地出现在书里，因为生活根本就没有标准确切的答案，你也不能期望过去的经验能解决未来的问题。

湛庐阅读App：与最聪明的人共同进化

有人常常把成本支出的焦点放在书价上，把读完一本书当作阅读的终结。其实不然。

时间是读者付出的最大阅读成本
怎么读是读者面临的最大阅读障碍
"读书破万卷"不仅仅在"万"，更重要的是在"破"！

现在，我们构建了全新的"湛庐阅读"App。它将成为你"破万卷"的新居所。在这里：

● 不用考虑读什么，你可以便捷找到纸书、有声书和各种声音产品；
● 你可以学会怎么读，你将发现集泛读、通读、精读于一体的阅读解决方案；
● 你会与作者、译者、专家、推荐人和阅读教练相遇，他们是优质思想的发源地；
● 你会与优秀的读者和终身学习者为伍，他们对阅读和学习有着持久的热情和源源不绝的内驱力。

从单一到复合，从知道到精通，从理解到创造，湛庐希望建立一个"与最聪明的人共同进化"的社区，成为人类先进思想交汇的聚集地，与你共同迎接未来。

与此同时，我们希望能够重新定义你的学习场景，让你随时随地收获有内容、有价值的思想，通过阅读实现终身学习。这是我们的使命和价值。

湛庐阅读App玩转指南

湛庐阅读App结构图:

- 12+图书订阅服务
- 纸质书
- 有声书
- 电子书

读什么

湛庐阅读App

怎么读
- 泛读:一书一课
- 通读:通识课
- 精读:精读班

优秀的读者和终身学习者 **与谁共读**

跟谁读 作者、译者、专家、推荐人和阅读教练

三步玩转湛庐阅读App:

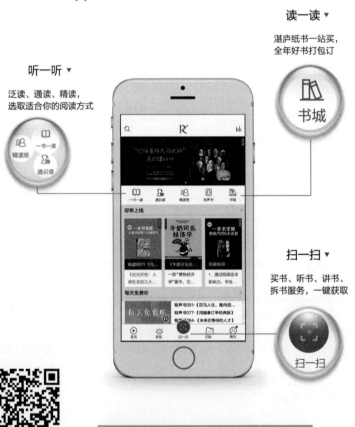

读一读 ▼

湛庐纸书一站买,
全年好书打包订

书城

听一听 ▼

泛读、通读、精读,
选取适合你的阅读方式

扫一扫 ▼

买书、听书、讲书、
拆书服务,一键获取

扫一扫

App获取方式:
安卓用户前往各大应用市场、苹果用户前往App Store
直接下载"湛庐阅读"App,与最聪明的人共同进化!

使用App扫一扫功能，
遇见书里书外更大的世界！

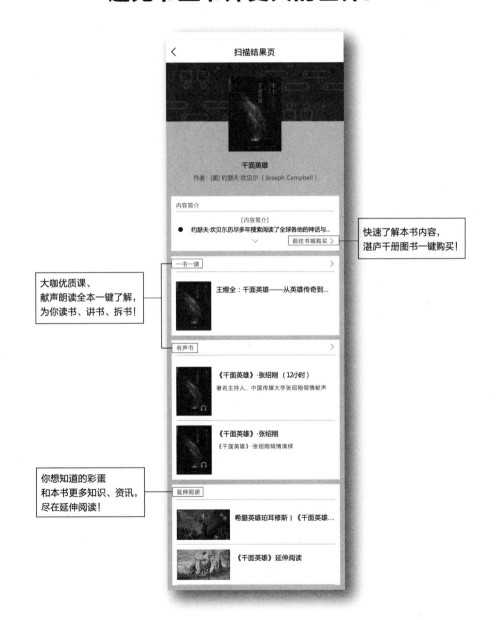

快速了解本书内容，
湛庐千册图书一键购买！

大咖优质课、
献声朗读全本一键了解，
为你读书、讲书、拆书！

你想知道的彩蛋
和本书更多知识、资讯，
尽在延伸阅读！

延伸阅读

《心智探奇》

◎ 解答"什么是智能"这一深刻问题，破解机器人难题。

◎ 详细剖析心智的四大能力，解读"心智如何工作"。

◎ 一扇窥视人类心智活动神奇与奥秘的窗户。

◎ 一场探索心智本质的奇幻之旅。

《表象与本质》

◎ 《表象与本质》深刻地丰富了我们对心智的理解，它带领读者进入语言、思想和记忆的各种丰富多彩的情境中，逐步揭示出完全隐藏的认知机制。这些机制总是处于不断地变化之中，在这些认知机制里还能发现一个不变的核心——我们总是无意识地联系过往经验去做类比。本书对我们的思考提出了一个彻底且令人震惊的新解释。

◎ 人类大脑中的每个概念都源于多年来不知不觉中形成的一长串类比，这些类比赋予每个概念以生命，我们在一生中不断充实这些概念。大脑无时无刻不在作类比。类比，就是思考之源和思维之火。

《生命3.0》

◎ 迈克斯·泰格马克历时5年，集结近1 000位人工智能界大佬智慧，用30万字写就的诚意之作。

◎ 在人工智能崛起的当下，你希望看到一个什么样的未来？当超越人类智慧的人工智能出现时，人类将何去何从？你是否希望我们创造出能自我设计的生命3.0，并把它散播到宇宙各处？人工智能时代，生而为人的意义究竟是什么？在《生命3.0》中，麻省理工学院物理系终身教授、未来生命研究所创始人迈克斯·泰格马克将带领我们参与这个时代最重要的对话。

《AI的25种可能》

◎ 世界上最"聪明"的网站之一 Edge，每年一次，让全球100位"最伟大的头脑"坐在同一张桌子旁，共同解答关乎人类命运的同一个大问题，开启一场智识的探险、一次思想的旅行！

◎ 在这本引人入胜的书中，Edge 创始人约翰·布罗克曼携手哲学家与认知科学家丹尼尔·丹尼特；心理学家史蒂芬·平克、艾莉森·高普尼克；计算机科学家朱迪亚·珀尔、斯图尔特·罗素、丹尼尔·希利斯；物理学家迈克斯·泰格马克、戴维·多伊奇；科技史学家史学家乔治·戴森，以及艺术、发明、企业等多个领域的思想家，给你带来一场关于人工智能的大思考。

图书在版编目（CIP）数据

如何创造可信的AI / （美）盖瑞·马库斯
(Gary Marcus)，（美）欧内斯特·戴维斯
(Ernest Davis) 著 ；龙志勇译. -- 杭州 ：浙江教育出
版社，2020.5
    ISBN 978-7-5722-0052-6

    Ⅰ. ①如… Ⅱ. ①盖… ②欧… ③龙… Ⅲ. ①人工智
能—研究 Ⅳ. ①TP18

中国版本图书馆CIP数据核字(2020)第045762号

浙 江 省 版 权 局
著作权合同登记号
图字 :11-2020-003号

上架指导 ：人工智能 / 科技趋势

如何创造可信的AI
RUHE CHUANGZAO KEXIN DE AI

［美］盖瑞·马库斯　欧内斯特·戴维斯　著

龙志勇　译

责任编辑: 刘晋苏
美术编辑: 韩　波
封面设计: ablackcover.com
责任校对: 李　剑
责任印务: 曹雨辰
出版发行: 浙江教育出版社（杭州市天目山路40号　邮编：310013）
　　　　　电话：（0571）85170300-80928　　　网址：www.zjeph.com
印　　刷: 北京盛通印刷股份有限公司
开　　本: 720mm×965mm 1/16
印　　张: 20　　　　　　　　　　　　**字　　数:** 327 千字
版　　次: 2020 年 5 月第 1 版　　　　　　**印　　次:** 2020 年 5 月第 1 次印刷
书　　号: ISBN 978-7-5722-0052-6　　　　**定　　价:** 89.90 元